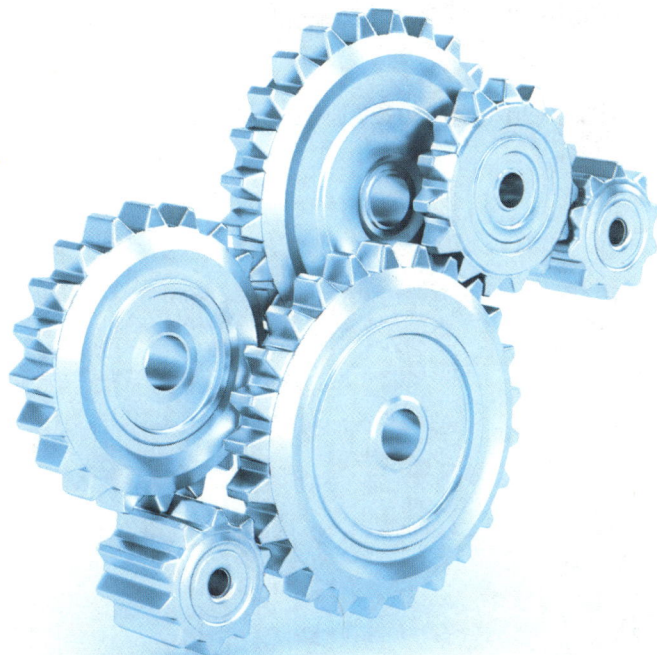

机械装配技术与项目实训

钱赛斌 洪伟伟 彭增鑫 主编

浙江工商大学出版社
ZHEJIANG GONGSHANG UNIVERSITY PRESS
·杭州·

图书在版编目(CIP)数据

机械装配技术与项目实训 / 钱赛斌,洪伟伟,彭增鑫
主编. —杭州:浙江工商大学出版社,2020.5
ISBN 978-7-5178-3787-9

Ⅰ.①机… Ⅱ.①钱… ②洪… ③彭… Ⅲ.①装配(机
械)—中等专业学校—教材 Ⅳ.①TH163

中国版本图书馆 CIP 数据核字(2020)第050227号

机械装配技术与项目实训
JIXIE ZHUANGPEI JISHU YU XIANGMU SHIXUN
钱赛斌　洪伟伟　彭增鑫 主编

责任编辑	厉　勇	
封面设计	雪　青	
责任印制	包建辉	
出版发行	浙江工商大学出版社	

(杭州市教工路198号　邮政编码310012)
(E-mail:zjgsupress@163.com)
(网址:http://www.zjgsupress.com)
电话:0571-88904980,88831806(传真)

排　版	杭州朝曦图文设计有限公司
印　刷	浙江全能工艺美术印刷有限公司
开　本	889mm×1194mm　1/16
印　张	11.5
字　数	290千
版 印 次	2020年5月第1版　2020年5月第1次印刷
书　号	ISBN 978-7-5178-3787-9
定　价	34.00元

编委会

主　审　杭建卫

主　编　钱赛斌　洪伟伟　彭增鑫

编　者　马传忠　牛松林　黄利明　楼杰挺

前　言

为深化中等职业教育课程改革,本教材以学生的职业能力为导向,立足于实际能力培养,打破传统学科体系的课程设置模式,课程内容涉及遵循职业学校学生认知规律,以"项目实训"为主线。"THMDZP-2"型机械装配技能综合实训平台由浙江天煌科技实业有限公司出品。该实训设备依据相关国家职业标准及行业标准,结合各职业院校、技工学校数控技术应用、机械装配技术、机电设备安装与维修、机械设备装配与自动控制等专业的培养目标而设计。

本套教材分为理论学习篇和项目实训篇两部分。理论学习篇内容以机械装配基础知识为主,为项目实训做好铺垫;项目实训篇由教学目的要求、任务导入、相关知识链接、任务实施、任务评价等教学环节组成,以实训任务确定实训教学内容,实训教学实施以实用、够用、管用为原则。

《机械装配技术与项目实训》主要培养学生识读与绘制装配图和零件图、零部件和机构装配工艺与调整、装配质量检验等技能,提高学生在机械制造企业及相关行业一线工艺装配与实施、机电设备安装调试及维护修理、机械加工质量分析与控制、基层生产管理等岗位的就业能力。从单一技能学习到复合技能掌握,突出装配钳工实训教学特点,增添了钳工实训的教学特色和兴趣。

本书由钱赛斌、洪伟伟、彭增鑫担任主编,杭建卫担任主审,参与编写的还有马传忠、牛松林、黄利明、楼杰挺等。在本书的编写过程中,得到了学校领导的关怀、同事的支持和兄弟学校老师们的帮助,在此表示衷心的感谢!

由于编者水平有限,加之时间仓促,书中难免有疏漏之处,恳请使用本书的师生和相关人员对书中的缺点和错误批评指正。

编　者

2019 年 11 月

目　录

理论学习篇

项目实训篇

理论学习篇

航空航天装配生产线

项目一　走进机械装配技术

机械装配就是按照设计的技术要求实现机械零件或部件的连接,把机械零件或部件组合成机器。机械装配是机器制造和修理的重要环节,特别是对机械修理来说,由于提供装配的零件有利于机械制造时的情况,更使得装配工作具有特殊性。装配工作的好坏对机器的效能、修理的工期、工作的劳力和成本等都起着非常重要的作用。

一、新职业——机械装配与调试工

2009年11月,人力资源和社会保障部在上海召开了第十二批新职业信息发布会,正式向社会发布我国生产操作和服务业领域产生的八个新职业信息,其中包括工程机械行业的工程机械装配与调试工。

2010年9月,国务院审议并原则通过了《国务院关于加快培育和发展战略性新兴产业的决定》,确定七大新兴战略产业,包括节能环保、新一代信息技术、生物、高端装备制造、新能源、新材料和新能源汽车等。工程机械装配与调试工是其中一个新兴战略产业——高端装备制造相关的职业工种。

工程机械装配与调试是保证工程机械质量的重要环节。我国从事该行业的工作人员已达到20多万,这些人员的技术水平直接影响着工程机械产品的质量和工程机械企业参与国内外市场竞争的能力。随着自动控制技术、机电一体化等新技术在工程机械上的应用,以及机器人、数字检测调试工具在装配生产单元中的应用,对这一职业从业人员提出了越来越高的要求。

所谓工程机械装配与调试工,是指使用专业器具对工程机械进行装配和调试的人员。其主要工作任务包括:

1. 对工程机械部件和整机进行装配与调试。

2. 使用测试仪器和试验设备对工程机械进行性能检测与调试。

3. 操作工程机械进行性能试验。

4. 对工程机械装配工具、检测器具进行维护和保养。

5. 对工程机械装配、调试进行质量控制,提出质量改进方案。

二、机械装配技术的发展

装配技术是随着对产品质量要求的不断提高和生产批量的增大而发展起来的,经历了手工装配、半机械/半自动化装配、机械/自动化装配到柔性装配的发展历程。机械制造业发展前期,装配多依赖于手工操作对每个零件进行加工处理,再将零件配合和连接起来。18世纪末期,产品批量不断增大,加工质量提高,于是出现了互换性装配。如1789年,发明轧棉机的美国发明家伊莱·惠特尼承担了为国会制造一万支滑膛枪的制作任务。在其后的设计和生产过程中,惠特尼提出并尝试了"可替换零件"和"标准化生产"的生产理念,即将产品分解成独立零件,用相同的标准将各部件分别制作并组装成产品。他成为第一个成功地将可替换性零件的概念和理念演绎成实用的生产方式的人,因而他被誉为"美国规模生产之父"。19世纪初至中期,互换性装配逐步推广到时钟、小型武器、纺织机械和缝纫机等产品。在互换性装配发展的同时,还发展了装配流水作业,至20世纪初出现了较完善的汽车装配线。其中具有代表性的是美国汽车大王、汽车工程师与企业家、世界最大的汽车企业之一福特汽车公司,于1913年开发出世界上第一条装配流水线,其建立者亨利·福特也是世界上第一位将装配线概念应用于实际而获得巨大成功者。"二战"以后,随着机械制造业的飞速发展,自动化装配技术得到进一步的发展。近些年,在自动化转配技术发展日趋成熟的基础上,柔性装配技术蓬勃发展。所谓柔性装配技术,是指一种能适应快速研制和生产,以及低成本制造要求、设备和工装模块化可重组的先进装配技术。它与数字化技术、信息技术相结合,从而形成自动化装配技术的一个新领域。

三、机械装配的概念

根据规定的技术要求,将零件或部件进行配合和连接,使之成为半成品或成品的过程,称为装配。机器的装配是机器制造过程中的最后一个环节,它包括装配、调整、检验和试验等工作。装配过程使零件、套件、组件和部件间获得一定的相互位置关系,所以装配过程也是一种工艺过程。

机械装配是机械制造中最后决定机械产品质量的重要工艺过程。即使是全部合格的零件,如果装配不当,往往也不能形成质量合格的产品。简单的产品可由零件直接装配而成。复杂的产品则需先将若干零件装配成部件,称为部件装配;然后将若干部件和另外一些零件装配成完整的产品,称为总装配。产品装配完成后需要进行各种检验和试验,以保证其装配质量和使用性能,有些重要的部件装配完成后还要进行测试。

四、机械装配的历史

装配技术是随着对产品质量要求的不断提高和生产批量的增大而发展起来的。机械制造业发展初期,装配多用锉、磨、修刮、锤击和拧紧螺钉等操作,使零件配合和连接起来。18世纪末期,产品批量增大,加工质量提高,于是出现了互换性装配。例如1789年,美国伊莱·惠特尼制造一万支具有可以互换零件的滑膛枪,依靠专门工夹具使不熟练的童工也能从事装配工作,工时大为缩短。19世纪初至19世纪中叶,互换性装配逐步推广到时钟、小型武器、纺织机械和缝纫机等产品。在互换性装配发展的同时,还发展了装配流水作业,至20世纪初出现了较完善的汽车装配线。

五、机械装配的主要内容

常用的装配工艺有清洗、平衡、刮削、螺纹连接、过盈配合连接、胶接、校正等。此外,还可应用其他装配工艺,如焊接、铆接、滚边、压圈和浇铸连接等,以满足各种不同产品结构的需要。

1. 清洗

应用清洗液和清洗设备对装配前的零件进行清洗,去除表面残存油污,使零件达到规定的清洁度。常用的清洗方法有浸洗、喷洗、气相清洗和超声波清洗等。浸洗是将零件浸渍于清洗液中晃动或静置,清洗时间较长。喷洗是靠压力将清洗液喷淋在零件表面上。气相清洗则是利用清洗液加热生成的蒸汽在零件表面冷凝而将油污洗净。超声波清洗是利用超声波清洗装置使清洗液产生空化效应,以清除零件表面的油污。

2. 平衡

对旋转零部件应用平衡试验机或平衡试验装置进行静平衡或动平衡,测量出不平衡量的大小和相位,用去重、加重或调整零件位置的方法,使之达到规定的平衡精度。大型汽轮发电机组和高速柴油机等机组往往要进行整机平衡,以保证机组运转时的平稳性。

3. 刮削

在装配前常需对配合零件的主要配合面进行刮削加工,以保证较高的配合精度。部分刮削工艺已逐渐被精磨和精刨等代替。

4. 螺纹连接

用扳手或电动、气动、液压等拧转工具紧固各种螺纹连接件,以达到一定的紧固力矩。

5. 过盈配合连接

应用压合、热胀(外连接件)、冷缩(内连接件)和液压锥度套合等方法,使配合面的尺寸公差为过盈配合的连接件能得到紧密的结合。

6. 胶接

应用工程胶黏剂和胶接工艺连接金属零件或非金属零件,操作简便,且易于机械化。

7. 校正

装配过程中应用长度测量工具测量出零部件间各种配合面的形状精度,如直线度和平面度等,以及零部件间的位置精度,如垂直度、平行度、同轴度和对称度等,并通过调整、修配等方法达到规定的装配精度。校正是保证装配质量的重要环节。

波音787客机装配生产线,如图1-1所示。

图1-1 波音787客机装配生产线

六、装配的基础知识

机械产品一般是由许多零件和部件组成。零件是机器制造的最小单元,如一根轴、一个螺钉等。部件是两个或两个以上零件结合成为机器的一部分。按技术要求,将若干零件结合成部件或若干零件和部件结合成机器的过程称为装配。前者称为部件装配,后者称为总装配。

机械设备是现代化生产的主要手段。特别是随着生产自动化、加工连续化和生产效率的不断提高,设备技术状态的好坏,对企业生产的正常进行,以及对产品产量、质量和生产成本都有直接影响。

装配的工艺过程一般分为四个过程:准备工作、装配工作、调整精度检验和试车。装配的工作组织形式一般可以分为四种:单件生产的装配、成批生产的装配、大量生产的装配和现场装配。将零部件按设计要求进行装配时,我们必须考虑以下一些因素:尺寸、运动、精度、可操作性和零部件数量。

装配技术术语是用来描述装配操作工作方法时使用的一种通用技术语言,它具有描述准确、通俗易懂的特点,便于装配技术人员之间的交流。通过运用装配技术术语,装配技术人员能够使用大量短语,以简洁的方式来描述装配工作方法,从而清楚表示出机械装配所必需的各种活动。装配术语有以下三个特点。

通用性:装配技术术语可以在机械装配工作领域广泛适用。

功能性:装配技术术语是以描述装配操作及其功能为基础的。

准确性:装配技术术语在任何情况下只有一种含义,不会使装配技术人员发生误解。

思 考 与 练 习

一、填空题

1. 美国发明家伊莱·惠特尼提出尝试了"＿＿＿＿＿＿＿＿＿"和"＿＿＿＿＿＿＿"的生产理念,他是第一个成功地将可替换零件的理念演绎成实用生产方式的人,因而被誉为"美国规模生产之父"。

2. 美国汽车大王亨利·福特于1913年开发出了世界上第一条＿＿＿＿＿＿＿＿＿＿,他是世界上第一位将＿＿＿＿＿＿＿＿＿概念实际应用而获得巨大成功者。

3. 在自动化装配技术发展日趋成熟的基础上,＿＿＿＿＿＿＿＿＿技术蓬勃发展,他与数字化技术、信息技术相结合,从而形成自动化装配技术的一个新领域。

4. 零件是＿＿＿＿＿＿＿＿＿的单元,是组成机器的最小单元;＿＿＿＿＿＿＿＿＿是在一个基准零件上,装上一个或若干个零件构成的,是最小的＿＿＿＿＿＿＿＿＿单元;＿＿＿＿＿＿＿＿＿在机器中能完成一定的、完整的功能;＿＿＿＿＿＿＿＿＿是在一个基准零件上,装上若干部件、组件、套件和零件,最后成为整个产品。

二、简答题

1. 机械装配调试的主要工作任务是什么？

2. 机械装配的装配术语有哪些特点？

项目二 THMDZP-2型机械装配技能综合实训平台简介

一、THMDZP-2型机械装配技能综合实训平台（如图2-1）。

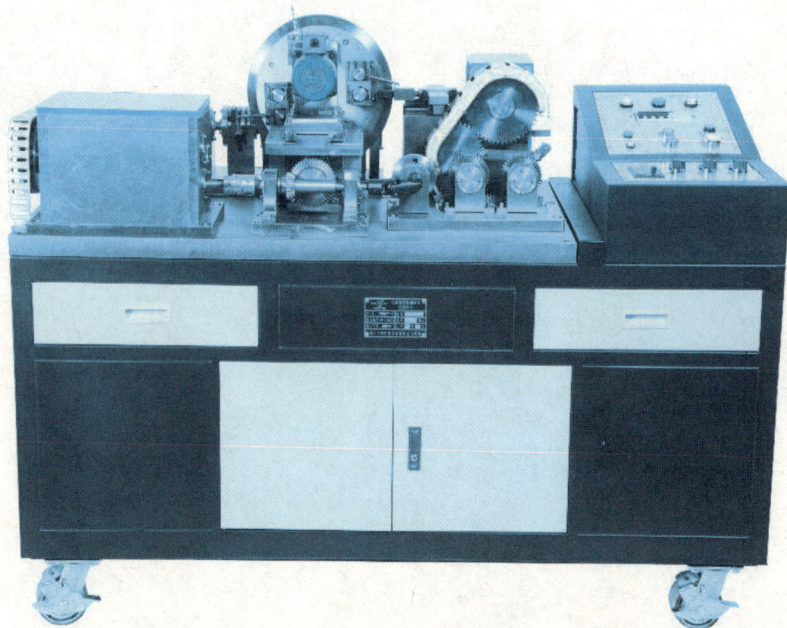

图2-1 THMDZP-2型机械装配技能综合实训平台

二、产品概述

本实训平台依据机械类、机电类中等职业学校相关专业教学标准,紧密结合行业和企业需求而设计。该平台操作技能对接国家职业标准,贴合企业实际岗位能力要求,如《机械设备安装工国家职业标准》《机修钳工》《组合机床操作工国家职业标准》;平台以工业现场的典型任务为实践项目,实现项目式教学,便于学生在"做中学、学中做",具有可操作性和实用性。通过完成机械设备识图与装配工艺的编写,零部件装配及调整,组合机床、典型机床及机床部件的装配与调整,装配质量检验和设备的调试、运行与试加工等技能,提高学生综合职业能力,对中职加工制造类专业机械装配实训室建设起到示范和引领作用。

三、产品特点

1. 产品依据相关国家职业标准、行业标准、职业及岗位的技能要求，结合机械装配技术领域的特点，能让学生在较为真实的环境中进行训练，以锻炼学生的职业能力，提高职业素养。

2. 以实际工作任务为载体，根据机械设备的装配过程及加工过程中的特点划分工作实施过程，分部件装配及调整、整机装配及调整、试加工等职业实践活动，着重培养学生机械装配技术所需的综合能力。

四、技术性能

1. 输入电源：三相四线（或三相五线）AC380V±10%，50Hz。

2. 工作环境：温度-10℃—+40℃，相对湿度≤85%（25℃），海拔＜4000m。

3. 三相异步电机：电压 AC380V，功率60W。

4. 交流调速减速电机1台：额定功率90W，减速比1:25，转速可调。

5. 交流减速电机1台：额定功率40W，减速比1:3。

6. 外形尺寸：1500mm×700mm×1175mm（实训台）、900mm×700mm×1500mm（操作台）。

7. 安全保护：具有电流型漏电保护，安全符合国家标准。

五、装置功能

机械装配技能综合实训平台可实现纯机械式自动加工功能，有变速动力箱给设备提供两路传动动力，一路动力通过电磁离合器的开合控制精密分度头的四分度，在精密分度头的工作台上安装四个偏心轮夹紧夹具，在分度头分度过程中工件自动送料，由偏心轮夹紧方式的夹具使工件夹紧，加工完的工件通过凸轮旋柄挡杆使偏心轮夹紧夹具松开使工件落到料盘里；另一路通过弹性联轴器连接锥齿轮轴，锥齿轮分配器又分两路传动，一路由锥齿轮、圆柱凸轮带动自动钻床实现进给、退刀功能；圆柱凸轮轴上安装有可调的盘形凸轮、限位开关装置，可控制电磁离合器的工作状态，使分度头与自动钻床、自动打标机配合工作；另一路由双万向联轴器、齿轮齿条连杆机构控制自动打标机的圆锥滚子离合器，自动打标机由三相异步电机带动曲轴实现钢印敲打功能。

六、装置组成及原理说明

（一）机械部分

1. 实训台：采用铁质双层亚光密纹喷塑结构，40mm厚铸件平板台面，桌子下方设有储存柜，柜子上方设有两个抽屉，可放置零部件及工具、量具等。实训平台俯视图，如图2-2所示。

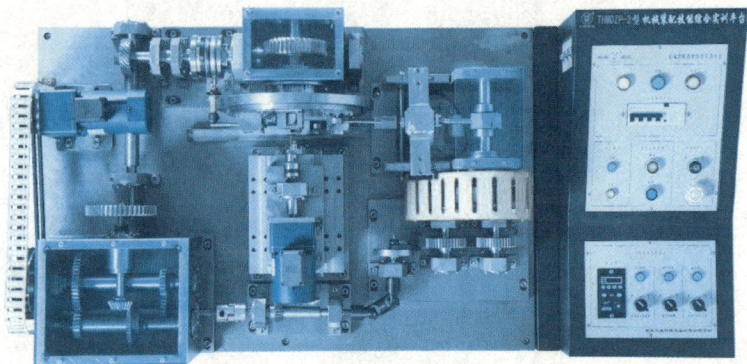

图2-2　实训平台俯视图

2. 机械装配技能综合实训平台主要由实训台、变速动力箱、精密分度头、工件夹紧装置、自动钻床进给机构、自动打标机、联轴器、电磁离合器、齿轮齿条连杆机构、装配及检测工具等组成。

（1）变速动力箱：动力源提供动力，实现速度变速后，使动力有两路输出功能。其主要是由四根轴组成的箱体结构，一根输入轴、一根传动轴和两根输出轴，两根输出轴成90°夹角，可完成一轴输入两轴变速输出功能。其可完成变速动力箱的装配工艺及精度检测实训。

（2）精密分度头：主要由蜗轮蜗杆、箱体、圆锥轴承、卸荷式装置、工作台面等组成，采用工业用万能分度头的结构，通过电磁离合器的配合可实现对工作台进行四分度。其可完成精密分度头的装配工艺及精度检测实训。

（3）工件夹紧装置：由四个偏心轮夹紧夹具组成，四个夹紧装置成90°分布安装在精密分度头的工作台面上，可实现工件的夹紧定位。其可完成工件夹紧装置的装配工艺及精度检测实训。

（4）自动钻床进给机构：可带动自动钻床实现进给、退刀等功能，主要由自动钻床动力电机、圆柱凸轮机构、燕尾槽滑动板、调节丝杆机构、轴承座、直线导轨副、锥齿轮机构等组成。其可完成圆柱凸轮机构、燕尾槽滑动机构、直线导轨副等的装配工艺及精度检测实训。

（5）自动打标机：主要由曲轴、轴瓦、圆锥滚子离合器、导向装置、打击头、夹手、箱体、动力电机、轴承等组成，可对工件进行自动打标，打标头可以自由更换。其可完成自动打标机的装配工艺及精度检测实训。

（6）联轴器模块：主要由弹性连接联轴器、硬连接联轴器、十字万向联轴器等组成。其可完成联轴器的装配工艺及精度检测实训。

（7）凸轮控制式电磁离合器模块：主要由电磁离合器总成、电磁离合器连接法兰、盘型凸轮、限位开关、传动轴、轴承座、轴承、斜齿轮传动等组成。其可完成凸轮控制式电磁离合器的装配工艺、精度调整、检测以及盘型凸轮与电磁离合器的动作配合等实训。

（8）齿轮齿条连杆机构：由曲柄、连杆、齿轮、齿条、轴承座、轴承、轴等组成，通过调整齿轮齿条连杆机构的配合来控制自动打标机圆锥滚子离合器的开合。其可完成齿轮齿条连杆机构的装配工艺及精度检测实训。

（9）装配及检测工具：配置常用的装配工具和检测工具，通过工具和量具的应用，掌握工具和量具的操作规范。

（二）电气控制部分
电气控制部分包括总电源控制单元（如图2-3）、动力系统控制单元（如图2-4）和动力系统接口单元。

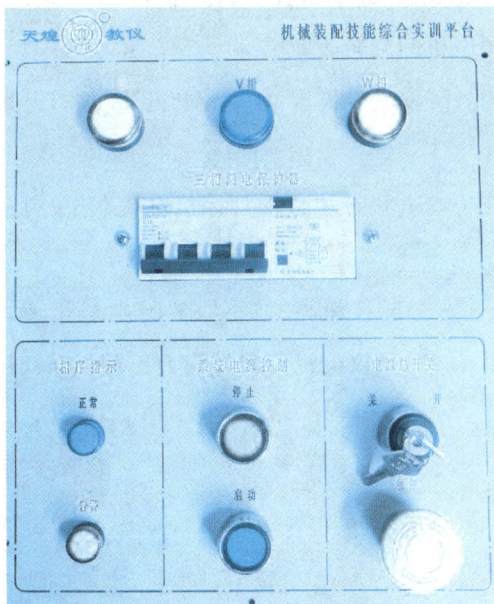

图2-3　总电源控制单元　　　　　图2-4　动力系统控制单元

1. 总电源控制单元

总电源控制单元主要由三相漏电保护器、三相电源指示(U相、V相、W相)、相序指示灯、系统电源控制按钮(停止与启动按钮)、电源总开关(钥匙开关)、急停按钮等组成。

(1)三相漏电保护器:带电流型漏电保护,控制实训平台总电源。

(2)三相电源指示(U相、V相、W相):由三个不同颜色的指示灯组成,实时监测实训平台三相交流电源。正常通电情况下,三个指示灯都是点亮的。

(3)相序指示灯:"正常"指示灯在三相电源输入正确时点亮,当三相交流电源缺相或相序不正确时,"告警"指示灯会点亮,此时实训平台将不能正常启动或由启动状态自动转为停止状态。在排除故障后,实训平台即可正常工作。

(4)电源总开关:系统电源控制总开关,打开"电源总开关"(即钥匙开关右旋)后,"系统电源控制按钮"才可以工作。

(5)系统电源控制按钮(停止与启动按钮):打开"电源总开关","停止"按钮红灯亮。按下"启动"按钮,"启动"按钮绿灯亮,"停止按钮"红灯灭,动力系统的主电源打开。此时再按下"停止"按钮,"停止"按钮红灯亮,"启动"按钮绿灯灭,动力系统的主电源关闭。

(6)急停按钮:在电源总开关打开的情况下,按下"急停"按钮,系统电源瞬间切断输出,"停止"与"启动"按钮灯熄灭。

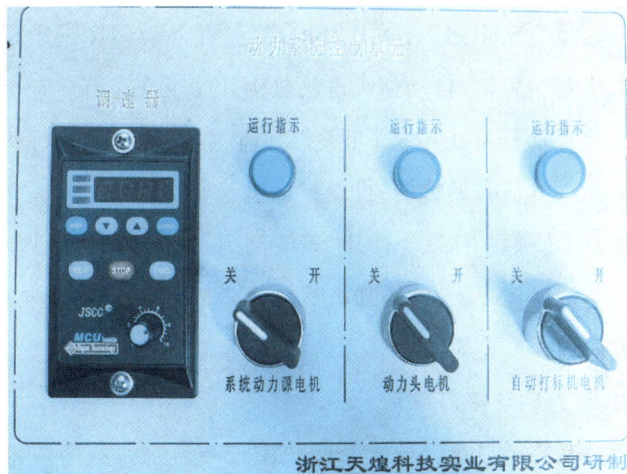

2. 动力系统控制单元

(1)动力系统控制单元包括系统动力源、动力头和自动打标机三部分。

(2)按下"系统电源控制"单元的"启动"按钮,动力系统主电源打开。分别右旋"动力头电机"旋钮开关和"自动打标机电机"旋钮开关,对应的绿色指示灯亮,则对应打开系统动力源电机、动力头电机和自动打标机电机的工作电源。

（3）"系统动力源电机"开关打开前，要保证"调速器"旋钮在零位（即逆时针旋转到底）。"系统动力源电机"开关打开后，顺时针调节"调速器"旋钮，可控制系统动力源电机的旋转。

（4）"动力头电机"开关打开前，要保证自动钻床进给机构处于安全状态。"动力头电机"开关打开后，动力头电机开始旋转，自动钻床进给机构开始工作。

（5）"自动打标机电机"开关打开前，要保证自动打标机处于安全状态。"自动打标机电机"开关打开后，自动打标机电机开始旋转，自动打标机开始工作。

（6）调速器的用法。打开"系统动力源电机"开关，调速器"STOP"按钮亮，按下"FWD"电机正转，按下"REV"电机反转，"▲"键增加电机转速，"▼"键减小电机转速。注意：建议电机旋转方向为正转，正转时齿轮运动方向较为安全。

3. 动力系统接口单元

动力系统接口单元操作面板，如图2-5所示。急停按钮开关，如图2-6所示。

图2-5　动力系统接口单元操作面板　　　　图2-6　急停按钮开关

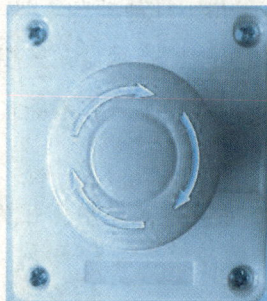

（1）动力系统接口单元操作面板主要由四个开尔文插座组成，从上到下依次为五芯、七芯、三芯和四芯插座，分别用于连接系统动力源电机、动力头电机、自动打标机电机（含急停按钮）、电磁离合器（含限位开关）。

（2）急停按钮开关：功能同"总电源控制单元"中的"急停"按钮。在电源总开关打开的情况下，按下"急停"按钮，系统电源瞬间切断输出，"停止"与"启动"按钮灯熄灭。

七、机械设备的运输、开箱、安装和试车

1. 运输

实训工作台比较重,运输时要特别小心,不得撞击和震动,以免损坏设备。

2. 开箱

开箱后,应立即按照装箱单检查全部附件是否备齐,检查设备突出部分在运输过程中有无损坏。

3. 安装

本装置应安装在清洁、干净的地方。本装置可以进行机械加工,为保证设备工作平稳和加工精度,必须放置在地面平整的房间,并且需提供三相交流电。

4. 试车

试车前应检查下列项目:

(1)检查设备周围及内部是否有妨碍设备工作的障碍物。

(2)第一次通电前必须检查墙上电源,确保电源工作正常,才可以进行下一步操作。

(3)检查线路是否正常连接。

八、注意事项

为防止意外事故的发生及避免设备受到意外损坏,操作者必须遵守下列安全规则,才能有效避免事故。

本说明中涉及的警告信息及可能发生的故障仅包括那些可以预知的情况,并不包括所有可能发生的情况。

1. 实训工作台应放置平稳,平时应注意清洁,长时间不用时机械装调对象最好加涂防锈油。

2. 设备在通电前,必须确认设备周围人员没有其他操作行为,并通知设备周边人员设备即将通电,以免造成意外事故。

3. 设备通电后,必须确认各操作旋钮处于工作要求模式下,才可以开始进行操作。

4. 设备运行时发生故障,应该立即停止正在进行的不安全动作,检查设备排除故障后,才可以继续上电运行。对不能及时排查出的故障,必须请相关工程技术人员进行排查维修,以免造成设备的损坏及不可预测的事件发生。

5. 加工过程中需要清理废料时,应先使加工停止,严禁在加工过程中动手清理。

6. 工作过程中,严禁触摸或接近设备运动部件。

7. 使用面板上的开关和按钮时,应确认操作意图及按键位置,防止错误操作。

8. 出现故障时,应及时按下"急停"按钮,使设备立即停止工作。

9. 实训时长头发学生需戴防护帽,不准将长发露出帽外。除专项规定外,不准穿裙子、高跟鞋、拖鞋、风衣、长大衣等。

10. 装置运行调试时,不准戴手套、长围巾等,其他佩戴饰物不得外露。

11. 实训完毕后,及时关闭各电源开关,整理好实训器件放入规定位置。

注意:任何对设备进行维修的操作行为,都必须停止运行设备,切断设备电源,并在确认关闭设备"电源总开关"且取下钥匙后,方可进行下一步的操作。

思 考 与 练 习

一、填空题

1. 实训台:采用铁质双层亚光密纹喷塑结构,40mm厚铸件平板台面,桌子下方设有储存柜,柜子上方设有两个抽屉,可放置_____及_____、_____等。

2. 机械装配技能综合实训平台主要由_____、_____、_____、_____、_____、_____、_____、齿轮齿条连杆机构、装配及检测工具等组成。

3. 变速动力箱:动力源提供动力,实现速度变速后,使动力有两路输出功能。其主要是由四根轴组成的箱体结构,一根_____、一根_____和两根输出轴,两根输出轴成90°夹角,可完成一轴输入两轴变速输出功能。其可完成变速动力箱的装配工艺及精度检测实训。

4. 精密分度头:主要由_____、箱体、圆锥轴承、_____装置、工作台面等组成,采用工业用万能分度头的结构,通过电磁离合器的配合可实现对工作台进行四分度。其可完成精密分度头的装配工艺及精度检测实训。

5. 工件夹紧装置:由四个偏心轮夹紧夹具组成,四个夹紧装置成90°分布安装在精密分度头的工作台面上,可实现工件的_____。其可完成工件夹紧装置的装配工艺及精度检测实训。

6. 自动钻床进给机构:可带动自动钻床实现_____、_____等功能,主要由自动钻床动力电机、圆柱凸轮机构、燕尾槽滑动板、调节丝杆机构、轴承座、直线导轨副、锥齿轮机构等组成。其可完成圆柱凸轮机构、燕尾槽滑动机构、直线导轨副等的装配工艺及精度检测实训。

7. 自动打标机:主要由曲轴、轴瓦、圆锥滚子离合器、导向装置、打击头、夹手、箱体、动力电机、轴承等组成,可对工件进行_____,打标头可以自由更换。其可完成自动打标机的装配工艺及精度检测实训。

8. 联轴器模块:主要由_____联轴器、_____联轴器、_____联轴器等组成。其可完成联轴器的装配工艺及精度检测实训。

9. 凸轮控制式电磁离合器模块:主要由电磁离合器总成、电磁离合器连接法兰、盘型凸轮、限位开关、传动轴、轴承座、轴承、斜齿轮传动等组成。其可完成凸轮控制式电磁离合器的_____、_____、检测以及盘型凸轮与电磁离合器的动作配合等实训。

二、简答题

1. 简述机械装配技能综合实训平台的功能。

2. 简述实训操作过程中的注意事项。

项目三　机械装配技术常用的工具和量具

机械装配和调试需要依赖于专用器具。其中：装配过程要使用各种工具，如各种扳手、螺钉旋具以及钳子等；而调试过程还必须借助各种量具，如游标卡尺、千分尺、百分表、塞尺等。因此，认识装配和调试常用工具和量具并能正确使用这些常用的工具和量具，是每个从事机械装配工种人员必备的基础知识和技能。

一、常用工具的认识及正确使用

工具是人在生产过程中用来加工制造产品的器具。在人类的进化和发展史上，从使用天然工具到学会制造工具，这种自觉的能动性是人类区别于其他动物的最重要的特点，也是人类进化史上重要的一步。

随着工业的迅速发展，各个行业、工种已经有了种类繁多、规格齐全、功能强大的各种各样的工具，其中一部分是许多工种都需要用到的常用工具。下面着重介绍机械装配与调试过程中常用的工具。

（一）认识常用的螺钉旋具

螺钉旋具，又称螺丝刀、改锥，俗称起子，按形状分常用的有一字型（图3-1）、十字型两种。

1. 手动螺钉旋具

（1）一字螺钉旋具：用于旋转或松开头部为一字槽的螺钉，一般由柄部、刀体和刃口组成。

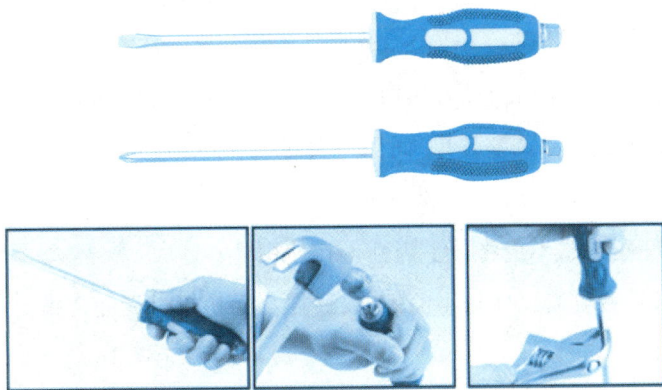

图3-1　螺丝刀

其工作部分一般用碳素工具钢制成，并经淬火处理。其规格以刀体部分的长度×直径来表示。

（2）十字螺钉旋具：用于旋紧或松开头部为十字槽的螺钉，材料和规格与一字螺钉旋具相同。

2. 机动螺钉旋具

常用的机动螺钉旋具分为电动和风动两大类,是用于拧紧和旋松螺钉的电动、气动工具,配合螺钉旋具劈头,可对不同性质、规格的螺钉拧紧或旋松。电动螺钉旋具如图3-2所示。

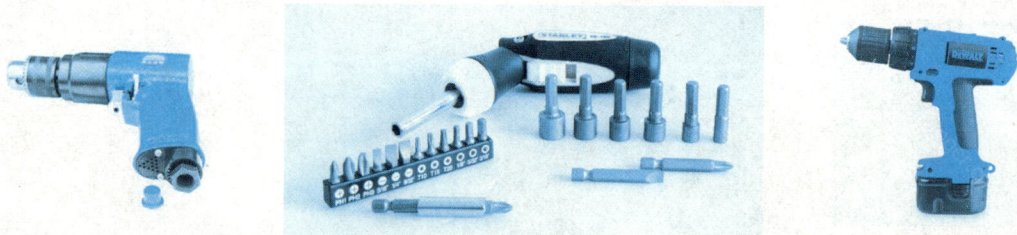

图3-2　电动螺钉旋具

(二)认识常用的扳手

扳手是利用杠杆原理拧转螺栓、螺钉和各种螺母的工具,采用工具钢、合金钢或可锻铸铁制成,一般分为通用扳手和专用扳手。

1. 通用扳手

通用扳手(如图3-3),又称活动扳手,由扳手体、固定钳口、活动钳口及蜗杆等组成。它的开口尺寸可在一定的范围内调节,其规格以扳手长度和最大开口宽度表示,其中最大开口宽度一般以英寸为单位。

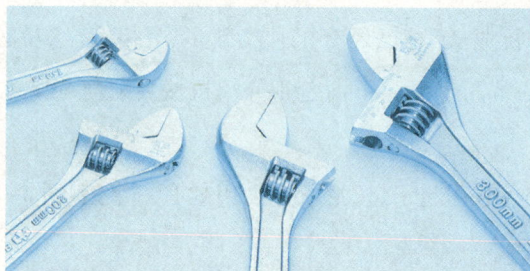

图3-3　通用扳手

使用通用扳手时,要注意以下几点:

(1)扳手拧转方向。应让固定钳口受推力作用,而活动钳口受拉力作用。

(2)应按螺钉或螺母的对边尺寸调整开口,间隙不要过大,否则将会损坏螺钉头或螺母,并且容易滑脱,造成伤害事故。

(3)扳手手柄不可以任意接长,不应将扳手当锤击打使用。

(4)不宜用大尺寸的扳手去旋紧尺寸较小的螺钉,这样会因扭矩过大而使螺钉折断。

2. 专用扳手

呆扳手(又称开口扳手,如图3-4)、套筒扳手、锁紧扳手和内六角扳手等均称为专用扳手。

(1)呆扳手。呆扳手一端或两端制有固定尺寸的开口,用以拧转一定尺寸的螺母或螺栓。

图3-4　呆扳手

呆扳手的开口尺寸与螺母或螺栓头的对边间距尺寸相适应,一般做成一套。常用的开口扳手规格很多,如7mm、8mm、10mm、14mm、17mm、19mm、22mm、24mm、30mm、32mm、41mm、46mm、55mm、65mm。通常螺纹规格有M4、M5、M6、M8、M10、M12、M14、M16、M18、M20、M22、M24、M27、M30、M42等,在使用时选择合适的开口扳手进行旋紧和旋松,起到相应的坚固作用。

呆扳手的特点是单头的只能旋拧一种尺寸的螺钉头或螺母,双头的也只可旋拧两种尺寸的螺钉头或螺母。呆扳手使用时应使扳手开口与被旋拧件配合好后再用力,接触不好时用力容易滑脱,使作业者身体失衡受到伤害。

(2)梅花扳手。梅花扳手(如图3-5)两端具有带六角孔或十二角孔的工作端,它适用于工作空间狭小,不能使用稍大扳手的场合。

常用的梅花扳手规格与螺纹的规格相对应。其优点是能把螺母和螺栓头完全包围,所以工作时不会损坏紧固件或从紧固件上滑落,适用于六角形和梅花形紧固件的拆装。使用时要注意选择合适的规格、型号,以防滑脱伤手,将扳手沿紧固件轴向插入扳手,缓缓施力拧转紧固件。

(3)组合扳手。组合扳手(如图3-6)两端分别为开口梅花或套筒的组合,这类扳手具有开口和梅花扳手的双重优点。

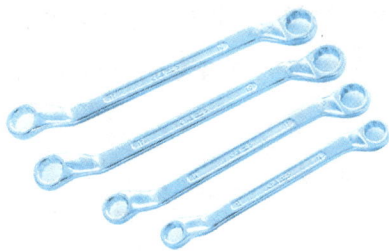

图3-5　梅花扳手

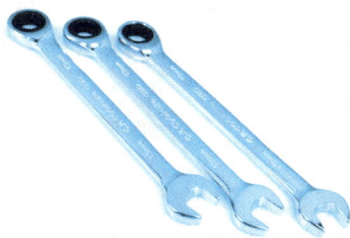

图3-6　组合扳手

(4)套筒扳手。成套套筒扳手(如图3-7)是由多个带六角孔或十二角孔的套筒并配有手柄、接杆等多种附件组成的。

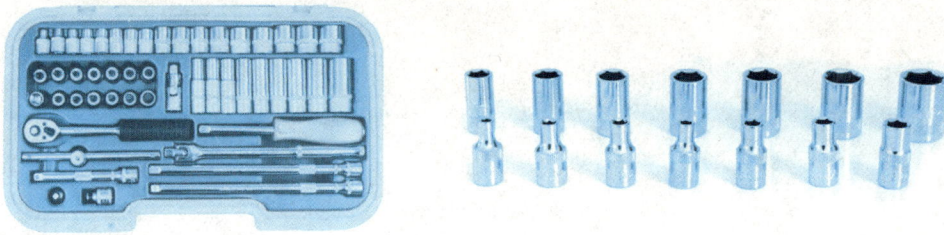

图 3-7　套筒扳手

套筒扳手有公制和英制之分,套筒虽然内凹形状一样,但外径、长短等是针对对应设备的形状和尺寸设计的,相对来说比较灵活,符合大众的需要。

套筒配以梯形手柄(如图 3-8)、棘轮扳手(如图 3-9)或弓形手柄(如图 3-10),可以实现在不同的场合灵活使用。

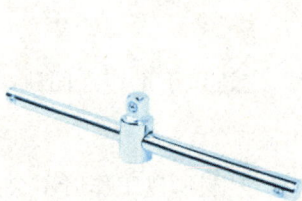

图 3-8　梯形手柄　　**图 3-9　棘轮手柄**　　**图 3-10　弓形手柄**

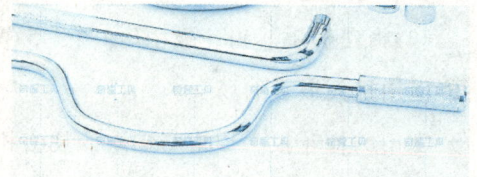

套筒扳手特别适用于拧转地方十分狭小或凹陷很深的螺栓或螺母,且凹孔的直径不适合用开口扳手、活动扳手和梅花扳手的场合。

(5)棘轮扳手。棘轮扳手是一种手动螺钉松紧工具。通过头部的棘轮机构可实现单向转动,头部有正反换挡拨片,用来调节扳手的正转和反转。配以套筒接口方向,实现与成套套筒的连接,如图 3-11、图 3-12所示。

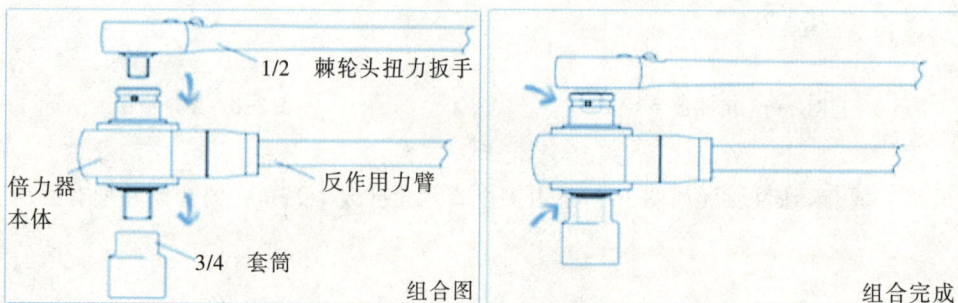

图 3-11　棘轮扳手　　**图 3-12　棘轮扳手作用力示意图**

(6)勾扳手。勾扳手(如图 3-13),也称圆螺母扳手,用来锁紧各种结构的圆螺母,形状多样。可用来拆卸和紧固带槽螺母或侧孔圆螺母。

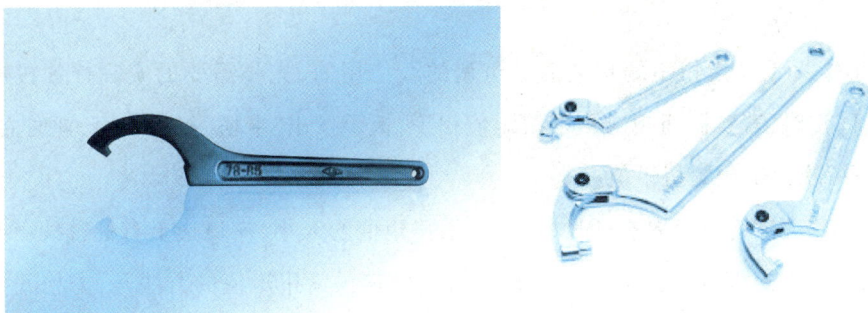

图 3-13　勾扳手

(7)内六角扳手。内六角扳手(如图3-14)用于装拆内六角螺钉,有普通内六角、球头、梯形等形式。成套的内六角扳手可用于安装和拆卸 M4—M30 的内六角螺钉。

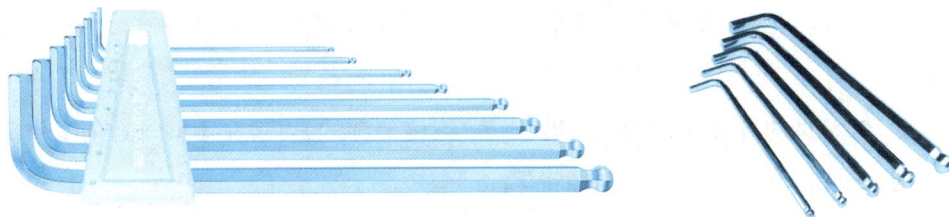

图 3-14　内六角扳手

内六角扳手能够流传至今,并成为工业制造业中不可或缺的得力工具,关键在于其本身所具有的独特之处和诸多优点,如简单轻巧,内六角螺丝与扳手之间有六个接触面,受力充分且不容易损坏;可以用来拧深孔中的螺栓;扳手的直径和长度决定了它的扭转力;容易制造,成本低廉;扳手的两端都可以使用。

使用时的注意事项:选择尺寸准确的内六角扳手,将内六角头插入螺钉的六角凹坑内并插到底,然后缓慢施加旋转力矩,以拧紧或松开螺钉。

(8)扭矩扳手。扭矩扳手,也称扭力扳手或力矩扳手,可分为定值式和预置式两种(如图3-15)。它在拧转螺栓或螺母时,能显示出所施加的扭矩;或者当施加的扭矩到达规定值后,会发出光或者声响信号。扭力扳手适用于对扭矩大小有明确规定场合的拆装。

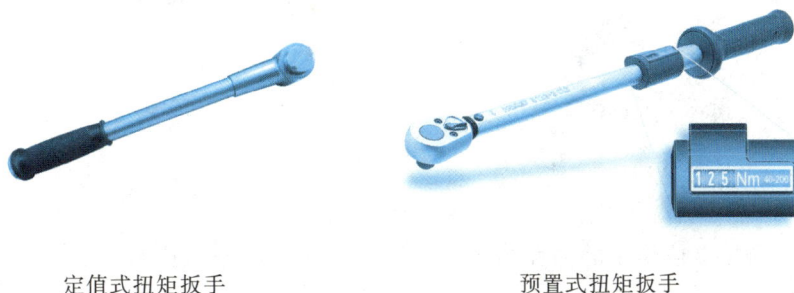

定值式扭矩扳手　　　　　　　　　　　预置式扭矩扳手

图 3-15　两种扭矩扳手

定值式扭矩扳手不带标尺,不能从扳手上直接读数。出厂时,根据客户需求调整为所需示值。它适用于螺栓规格确定、扭矩值固定的使用场所,特别是装配流水线上的操作,这样能使各个紧固件扭矩一致,生产出来的产品质量有保障。

预置可调式扭矩扳手是指扭矩的预紧值是可调的。使用前,先将需要的实际拧紧扭矩值预置到扳手上,当拧紧螺纹紧固件时,若实际扭矩与预紧扭矩值相等,扳手发出"卡塔"报警响声,此时立即停止搬动,释放后扳手自动为下一次设定预紧扭矩值。

扭矩扳手手柄上有窗口,窗口内有标尺,标尺显示扭矩值的大小,窗口边上有标准线。当标尺上的线与标准线对齐时,该点的扭矩值代表当前的扭矩预紧值。设定预紧扭矩值的方法是,先松开扭矩扳手尾部的尾盖,然后旋转扳手尾部手轮。管内标尺随之移动,将标尺的刻线与管壳窗口上的标准线对齐。头部尺寸可随需求而配置,如内六角、开口、一字头、十字头、梅花头、标准头等。

(三)认识常用的钳子

钳子是一种用于夹持、固定加工、装拆工件或者扭转、弯曲、剪断金属丝线的手工工具。钳子的外形呈 V 形,通常包括手柄、钳腮和钳嘴三个部分。

钳子一般用碳素结构钢或合金钢制造,先锻压轧制成钳胚形状,然后经过磨铣、抛光等金属切削加工,最后进行热处理。

钳嘴的形式很多,常见的有尖嘴、平嘴、扁嘴、圆嘴、弯嘴等样式,可适应不同场合的工作需要。机械装配和调试中常用的钳子有钢丝钳、尖嘴钳、挡圈钳等。

1. 钢丝钳

钢丝钳是一种夹钳和剪切工具,其外形如图 3-16 所示,由钳头和钳柄组成,钳头包括钳口、齿口、刀口和铡口。常用的钢丝钳有 150mm、175mm、200mm、250mm 等多种规格。

2. 尖嘴钳

尖嘴钳(如图 3-17),又称修口钳,由尖头、刀口和钳柄组成。由于头部较尖,主要用于狭小空间夹持零件。

图 3-16　钢丝钳　　　　　　　　图 3-17　尖嘴钳

3. 挡圈钳

挡圈钳用于装拆轴向定位作用的弹性挡圈。由于挡圈开式可分为孔用和轴用两种,且因安装部位不一样,挡圈钳按形状分为直嘴式挡圈钳和弯嘴式挡圈钳,按使用场合又可分为孔用挡圈钳和轴用挡圈钳,如图 3-18。

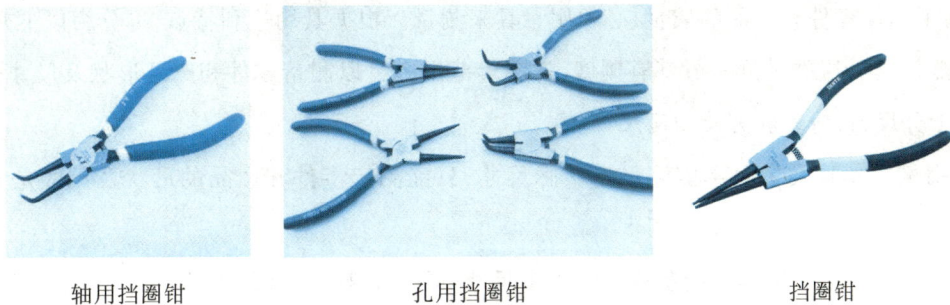

轴用挡圈钳　　　　　　孔用挡圈钳　　　　　　挡圈钳

图3-18　挡圈钳种类

　　轴用挡圈钳和孔用挡圈钳主要区别是:轴用挡圈钳是拆装轴用弹簧挡圈的专用工具,手把握紧时钳口是张开的;孔用挡圈钳是用来拆装孔用弹簧挡圈的,手把握紧时钳口是闭合的。

　　挡圈钳的规格因长度不同分为125mm(5′)、175mm(7′)、225mm(9′)等。挡圈钳所用材料通常为45mm碳素结构钢,要求高一点的可用铬钒钢。

(四)认识轴承拆卸器

　　轴承拆卸器,又称拉马或拉拔器。常用的轴承拆卸器有两爪或三爪,采用机械式拆卸或液压式拆卸,如图3-19所示。

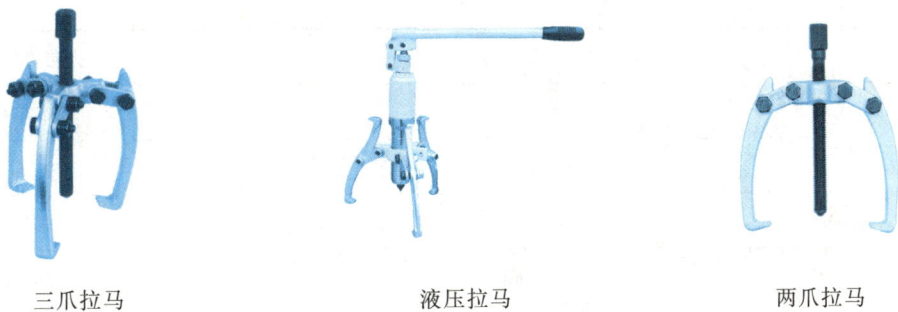

三爪拉马　　　　　　　液压拉马　　　　　　　两爪拉马

图3-19　轴承拆卸器种类

　　拉马在拆卸轴承时,调节拉钩作用于轴承内圈,通过手柄转动螺杆,使螺杆下部紧顶轴端,将滚动轴承从轴上拉出来。液压拉马是以油压起动中间推动杆直接前进移动,推动杆本身不做转动。沟爪座可随螺纹直接前进或后退以调节距离。操作把手小幅摆动,即可使油压起动杆往轴端方向顶,沟爪相应后退,以拉出轴承。

　　液压拉马是一种替代传统拉马的新型理想工具,具有结构紧凑、使用灵活、携带操作方便、省力、较少受场地限制等特点,三爪式与两爪式可根据现场工作需要拆换,适用于各种维修场所。

　　拉马还广泛应用于拆卸各种圆盘、法兰盘、齿轮、传动带轮等。

二、常用量具的认识及正确使用

　　量具是生产加工过程中用于测量工件的尺寸、角度、形状的专用工具,一般可分为通用量具、标准量具、量仪和极限量规以及其他计器具。在机械安装和调试等各项工作中,需要使用量具对工件的尺寸、形状、位置等进行检查。为了确保零件和产品的质量,必须用量具来测量。根据其用途和特点,可分为以下几种类型。

其一,万能量具。这类量具一般都有刻度,在测量范围内可以测量零件和产品形状及尺寸的具体数值,如游标卡尺、千分尺、百分表和万能角度尺等。

其二,专用量具。这类量具不能测量出实际尺寸,只能测定零件和产品的形状及尺寸是否合格,如卡规、塞规等。

其三,标准量具。这类量具只能制成某一固定尺寸,通常用来校对和调整其他量具,也可以作为标准与被测量件进行比较,如量块。

(一)长度单位基准

测量的实质是被测量的参数与标准进行比较的过程,长度尺寸的测量即是这样。因此,必须有一个精密准确的基标,即长度单位基准。

现在国际上把光在真空中 1/29 979 292 458 秒所经过的行程作为量度长度的标准,称为米(m)。根据 GB 3100—3102—82 规定,我国的法定计算单位包括:国际单位制的基本单位、国际单位制的辅助单位、国际单位制中具有专门名称的导出单位、国家选定的非国际单位制单位、由以上单位构成的组合形式的单位、由词头和以上单位所构成的十进倍数和分数单位。

目前我国法定的长度单位名称和符号,如表3-1所示。

表3-1 长度计量单位名称和符号

单位名称	符 号	对基准单位的比
米	m	基本单位
分米	dm	0.1m
厘米	cm	0.01m
毫米	mm	0.001m
丝米	dmm	0.0001m
忽米	cmm	0.00001m
微米	μm	0.000001m

在实际工作中,有时还会遇到英制尺寸。英制尺寸的进位方法和名称如下:

1英尺 = 12英寸

1英寸 = 8英分

英制尺寸常以英寸为单位,如3英分写成3/8英寸。

为了工作方便,可将英制尺寸换算成米制尺寸。1英寸等于25.4mm,所以把英制尺寸乘以25.4mm即可得到相应的米制尺寸。例如,5/16英寸换算成米制尺寸:25.4mm×5/16≈7.938mm。

(二)常用工具

1. 游标卡尺

游标卡尺(如图3-20)是一种中等精度的量具,可以直接量出工件的外径、孔径、长度、宽度、深度和孔距等尺寸。

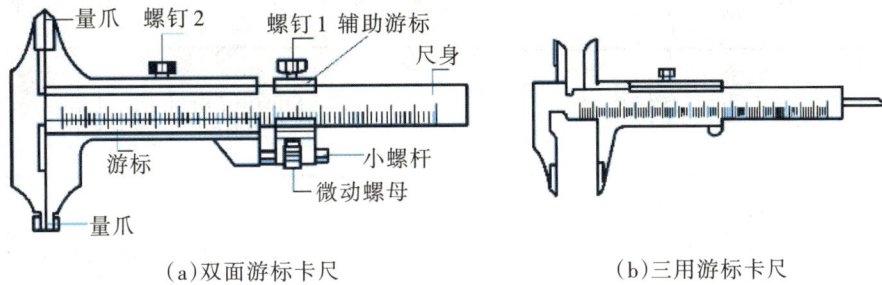

(a)双面游标卡尺　　　　　　　(b)三用游标卡尺

图 3-20　游标卡尺

（1）游标卡尺的结构。

图 3-20（a）所示的是双面游标卡尺，游标卡尺由尺身和游标、辅助游标组成。松开螺钉即可推动游标在尺身上移动，通过两个量爪可测量尺寸。需要移动调节时，可将螺钉 1 紧固，松开螺钉 2，转动微动螺母，通过小螺杆使游标微动。量得尺寸后，拧紧螺钉 2 使游标紧固。

游标卡尺上端的两个量爪，可用来测量齿轮公法线长度和孔距尺寸；下端的两个量爪，其内侧面可测量外径和长度；外侧面是圆弧面，可以测量内孔或沟槽。

图 3-20（b）所示的是三用游标卡尺，比较简单轻巧，上端两个量爪可测量孔径、孔距及槽宽；下端两个量爪可测量外圆和长度；还可用尺后的测深杆测量内孔和沟槽的深度。

（2）游标卡尺的刻线原理和读数方法，游标卡尺按其测量精度分，常用的有 1/20mm（0.05）和 1/50mm（0.02）两种。

① 1/20mm 游标卡尺。尺身上每小格为 1mm，当两个量爪合并时，游标上的 20 格刚好和尺身上的 19mm 对正，如图 3-21 所示。尺身与游标每格之差为：$1-0.95=0.05$（mm），此差值即为 1/20mm 游标卡尺的测量精度。

还有一种 1/20mm 游标卡尺，主尺每格为 2mm，游标上的 20 格刚好与尺身上的 39mm 对正，尺身与游标每格之差也是 0.05mm。这种放大刻度的游标卡尺线条清晰，容易看准。

用游标卡尺测量工件时，读数方法分三个步骤，如图 3-22 所示。

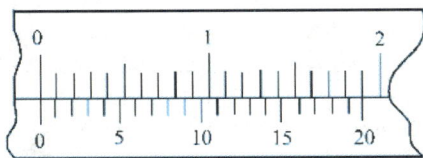

图 3-21　1/20mm 游标卡尺刻线原理

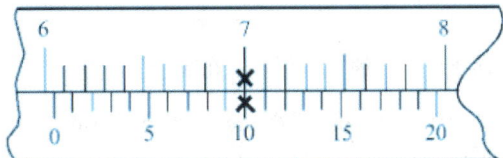

图 3-22　$60+0.05×10=60.5$（mm）

首先，读出游标上零线左边尺身的毫米整数。

其次，读出游标上哪一条线与尺身刻线对齐（第一条零线不算，第二条起每格算 0.05mm）。

最后，把尺身与游标上的尺寸加起来即为测得尺寸。

② 1/50mm 游标卡尺。尺身上每一小格为 1mm，当两个量爪合并时，游标上的 50 格刚好与尺身上的 49mm 对正，如图 3-23 所示。尺身与游标每格之差为 $1-0.98=0.02$（mm），此差值即为 1/50mm 游标卡尺的测

量精度。1/50mm游标卡尺测量时的读数方法与1/20mm游标卡尺相同,如图3-24所示。

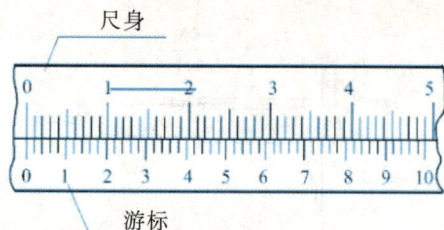

图3-23　1/50mm游标卡尺的刻线原理

图3-24　1/50mm游标卡尺的读数方法

　　(3)游标卡尺的使用方法。用游标卡尺进行测量时,内外爪应张开到略大于被测尺寸。先将尺框贴靠在工件测量基准面上,然后轻轻移动鼠标,使内外量爪贴靠在工件的另一面上(如图3-25),并使游标卡尺测量面接触正确(不可处于图3-26所示的倾斜位置),然后把紧固螺钉拧紧,得出读数值。

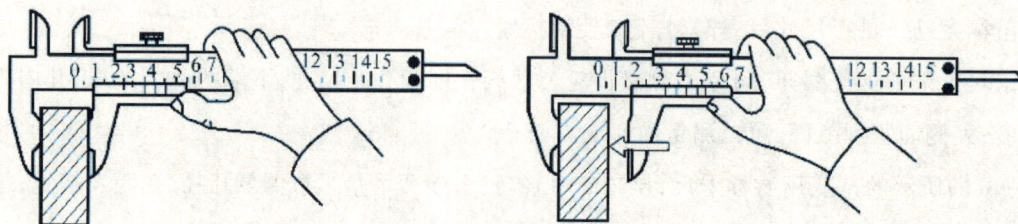

图3-25　游标卡尺的使用方法

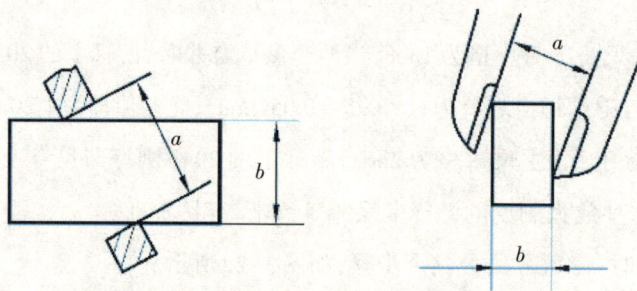

图3-26　游标卡尺测量面与工件错误接触

　　(4)游标卡尺的测量范围和精度。游标卡尺的规格按测量范围分为:0—125mm;0—200mm;0—300mm;0—500mm;300—800mm;400—1000mm;600—1500mm;800—2000mm等。

　　测量工件尺寸时,按工件的尺寸大小和尺寸精度要求选用量具。游标卡尺只适用中等精度(IT10—IT16)尺寸的测量和检验。不能用游标卡尺去测量铸锻件等毛坯尺寸,因为这样容易使量具很快磨损而失去精度;也不能用游标卡尺测量精度要求高的工件,因为游标卡尺在制造过程中存在着一定的示值误差。由表3-2可知,1/50mm游标卡尺的示值误差为±0.02mm,因此不能测量精度较高的工件尺寸。

表3-2　游标卡尺的示值误差

读数值（mm）	示值总误差（mm）
0.02	±0.02
0.05	±0.05

如果条件所限,只能用游标卡尺测量精度要求高的工件时,需事先用量块校对,了解误差数值,测量时把误差考虑进去。

除普通游标卡尺外,还有游标深度尺、游标高度尺和齿轮游标卡尺等。其刻线原理和读数方法与普通游标卡尺相同,如图3-27所示。

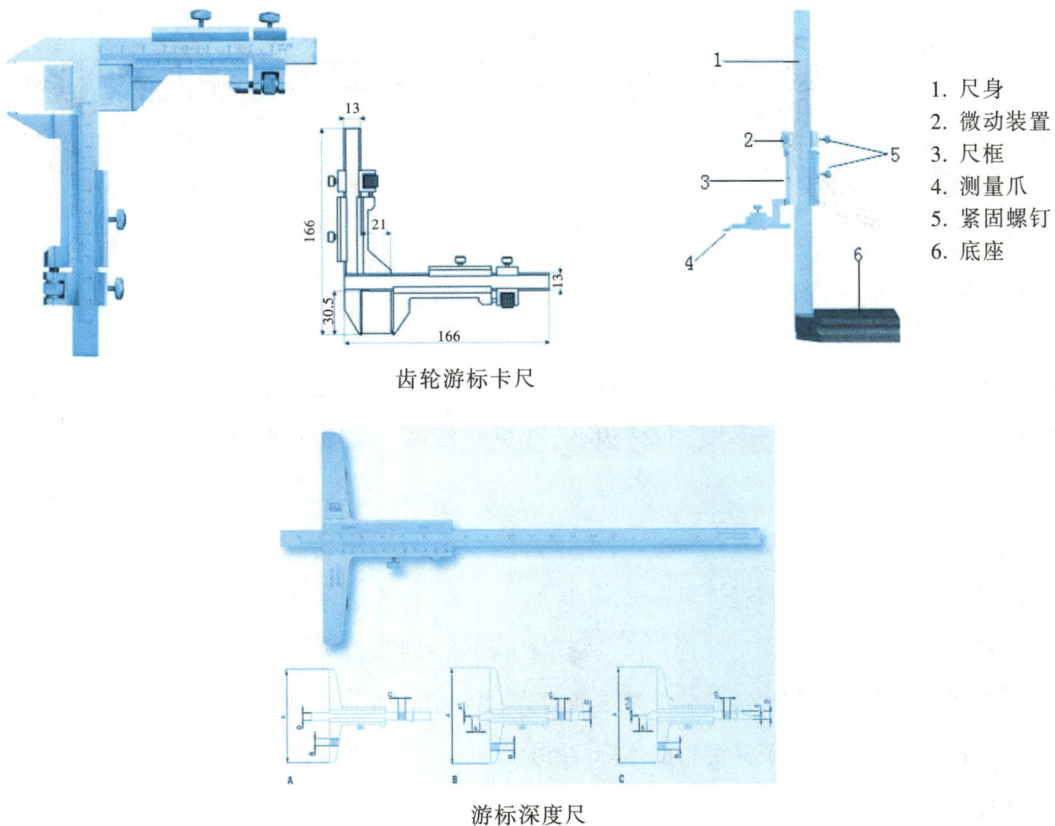

齿轮游标卡尺

1. 尺身
2. 微动装置
3. 尺框
4. 测量爪
5. 紧固螺钉
6. 底座

游标深度尺

图3-27　游标卡尺种类和结构

2. 千分尺

千分尺是一种精密量具,测量精度比游标卡尺高,而且比较灵敏。因此,对于加工精度要求较高的工件尺寸,需要用千分尺测量。

(1)千分尺的结构。千分尺的结构如图3-28所示。图3-28中尺架的左端有砧座,右端是表面有刻线的固定套管,里面是带有内螺纹(螺距0.5mm)的衬套。测微螺杆右面的螺纹可沿此内螺纹回转,并用轴套定心。在固定套管外面是有刻线的微分筒,它用锥孔与右端锥体相连。转动时松紧程度用螺母调节。转动手柄,通过偏心锁紧可使微螺杆固定不动。松开罩壳,可使微螺杆与微分筒分离,以便调整零刻线位置。棘轮用螺钉与罩壳连接,转动棘轮盘,微螺杆就会移动。当测微螺杆的左端面接触工件时,棘轮在棘爪销的斜面上打滑,就停止前进。由于弹簧的作用,使棘轮在棘爪销斜面滑动时发出"吱吱"声。如果棘轮盘反向转动,则拨动棘爪销、微分筒转动,使微螺杆向右移动。

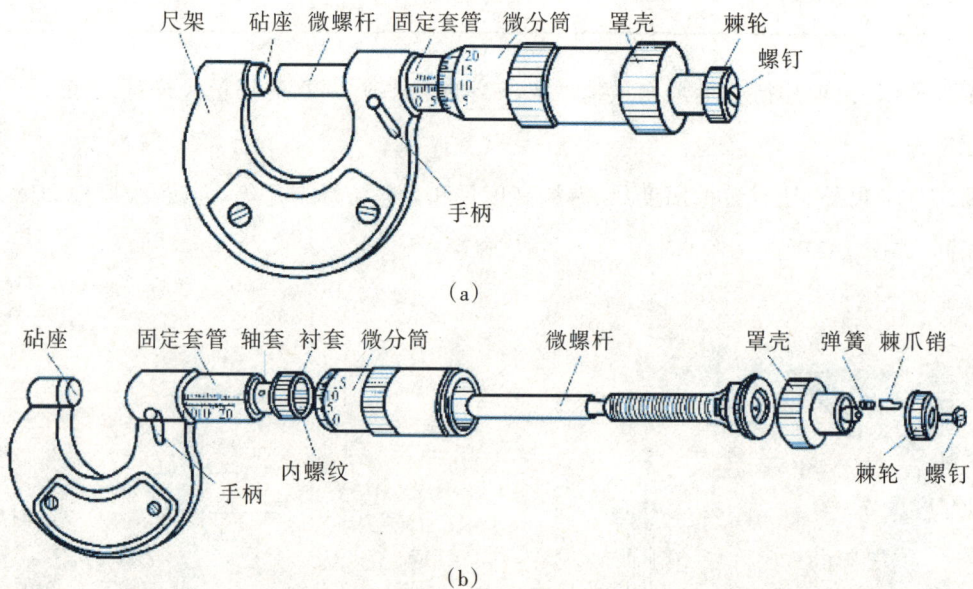

(a)

(b)

图 3-28　千分尺的结构

(2)千分尺的刻线原理及读数方法。测微螺杆右端螺纹的螺距为 0.05mm。当微分筒转动 1 周时,螺杆移动 0.5mm。微分筒圆锥面上共刻有 50 格,因此,微分筒每转 1 格,螺杆就移动 0.01mm,即 0.5mm ÷ 50 = 0.01mm。

固定套管上刻有主尺刻线,每格 0.5mm。

千分尺上的读数方法可分为三步。

第一步,读出微分筒边缘在固定套管主尺的毫米(mm)数和半毫米数。

第二步,看微分筒哪一格与固定套管上基准线对齐,并读出不足半毫米的数。

第三步,把两个读数加起来就是测得的实际尺寸。

图 3-29 所示为千分尺的读数方法。

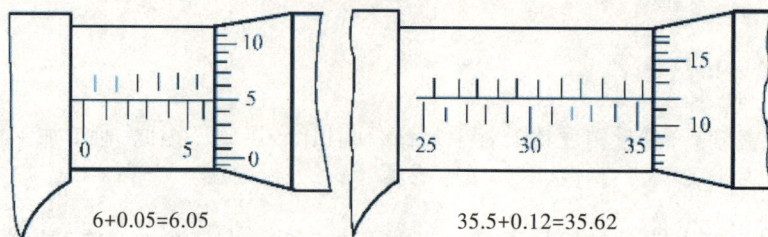

6+0.05=6.05　　　35.5+0.12=35.62

图 3-29　千分尺的读数方法

（3）千分尺的测量范围和精度。千分尺的规格按测量范围分为：0—25mm、25—50mm、50—75mm、75—100mm、100—125mm等。使用时，按被测工件的尺寸选用。

千分尺的制造精度分为0级和1级两种：0级精度最高，1级稍差。千分尺的制造精度主要由它的示值误差和两测量面平行度误差大小决定。

（4）内径千分尺。内径千分尺用来测量内径及槽宽等尺寸。内径千分尺外形如图3-30所示，这种千分尺的刻线方向与千分尺的刻线相反。测量范围有5—30mm和25—50mm两种。其读数方法和测量精度与千分尺的相同。

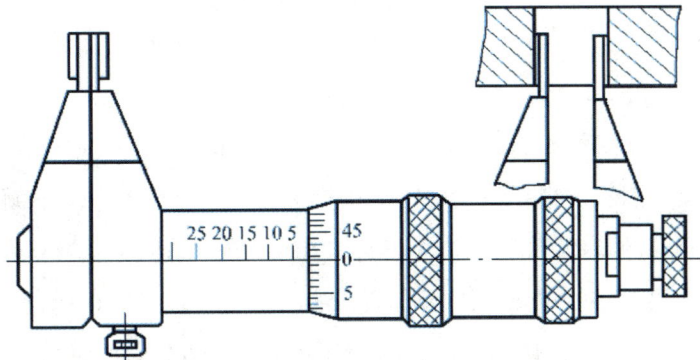

图3-30　内径千分尺

（5）其他千分尺。除千分尺和内径千分尺外，还有深度千分尺、螺纹千分尺（用于测量螺纹中径）和公法线千分尺（用于测量齿轮公法线长度）等。其刻线原理和读数方法与千分尺的相同，如图3-31所示。

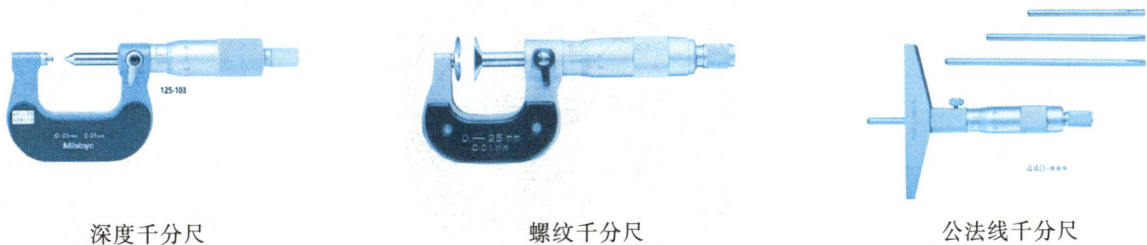

深度千分尺　　　　　　　　螺纹千分尺　　　　　　　　公法线千分尺

图3-31　千分尺种类

（6）公法线千分尺。使用千分尺测量时，应先将砧座和测微螺杆的测量面擦干净，并校准千分尺的零位。测量时可用单手或双手操作，其具体的方法如图3-32所示。不管用哪种方法，旋钮力要适当，一般先旋转微分筒，当测量面快接触或刚接触工作面时，再旋转棘轮，以控制一定的测量能力，然后读出所测得的数。

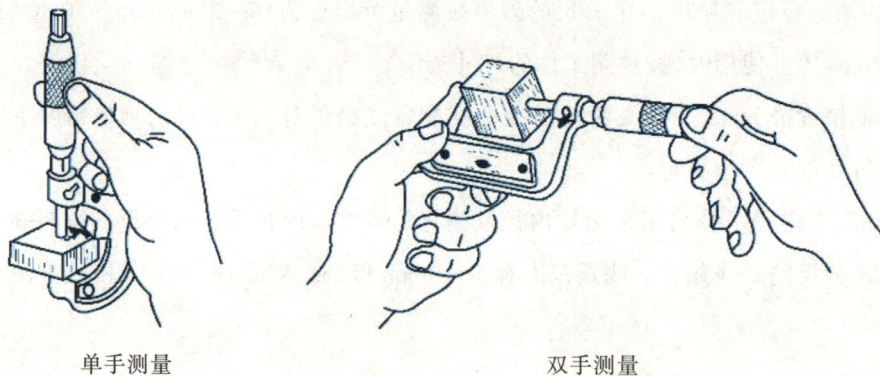

单手测量　　　　　　　　双手测量

图3-32　千分尺的使用方法

3. 百分表

百分表可用来检验机床精度和测量工件的尺寸、形状和位置误差。

（1）百分表的结构。百分表结构如图3-33所示，图中1是淬硬的触头，用螺纹旋入齿杆2的下端。齿杆的上端有齿。当齿杆上升时，带动齿数为16的小齿轮3，在小齿轮3的同轴上装有齿数为100的大齿轮4，再由这个齿轮带动中间齿数为10的小齿轮5，在小齿轮5的同轴上装有指针6，因此长指针就随着一起转动。在小齿轮5的另一边装有大齿轮7，在其轴下端装有游丝，用来消除齿轮间的间隙，以保证其精度。该轴的上端有短指针8，用来记录长指针的转数（长指针转1周，短指针转1格）。拉簧11的作用是使齿杆2能回到原位。在表盘9上刻有线条，共分100格。转动表圈10，可调整表盘刻线与长指针的相对位置。

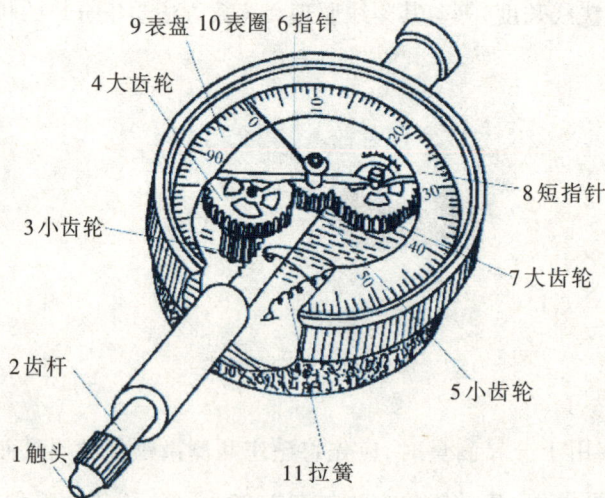

图3-33　百分表的结构

（2）百分表的刻线原理。百分表内的齿杆和齿轮的周节是0.625mm。当齿杆上升16格时（即上升0.625mm×16＝10mm），16齿小齿轮转1周，同时齿数为100齿的大齿轮也转1周，带动齿数为10的小齿轮和长指针转10周。当齿杆移动1mm时，长指针转1周。由于表盘上共刻有100格，所以，长指针每转1格表示移动0.01mm。

（3）内径百分表。内径百分表用来测量孔径和孔的形状误差，用来测量深孔极为方便。

内径百分表的结构如图3-34所示。在测量头端部有可换接触头和量杆。测量内孔时，孔壁使量杆向左移动而推动摆块，摆块使杆向上，推动百分表触头，使百分表指针转动而指出读数。测量完毕时，在弹簧的作用下，量杆回到原位。

通过更换可换触头，可以改变内径百分表的测量范围。内径百分表的测量范围有6—10mm、10—18mm、18—35mm、35—50mm、50—100mm、100—160mm、160—250mm等。

内径百分表的示值误差较大，一般为±0.015mm。因此，每次测量前需用百分尺进行校对，如图3-34所示。

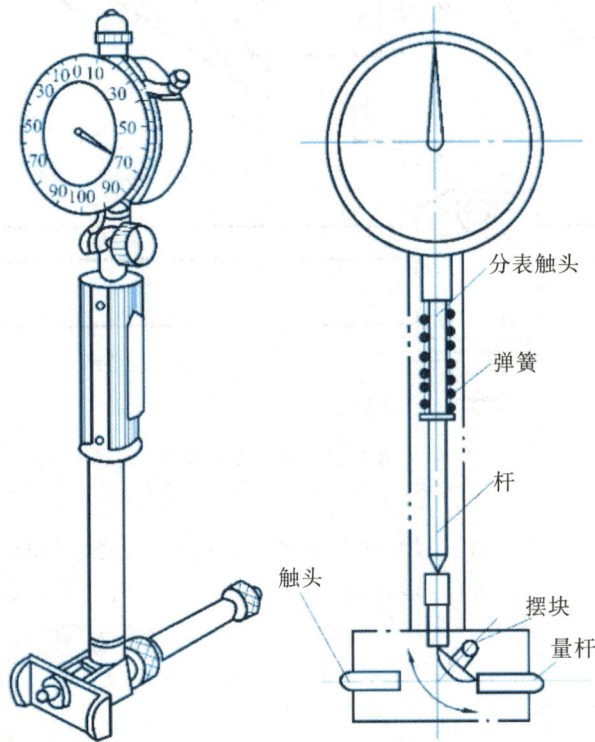

图3-34　内径百分表

4. 万能角度尺

万能角度尺是用来测量工件内外角度的量具。按游标的测量精度分为2′和5′两种，其示值误差分别为±2′和±5′，测量范围是0°—320°。现在仅介绍测量精度为2′的万能角度尺的结构、刻线原理和读数方法。

（1）万能角度尺的结构。万能角度尺（如图3-35）由刻有角度刻线的尺身和固定在扇形板上的游标组成。扇形板上，直尺用支架固定在直角尺上；如果拆下直尺，也可将直尺固定在扇形板上。

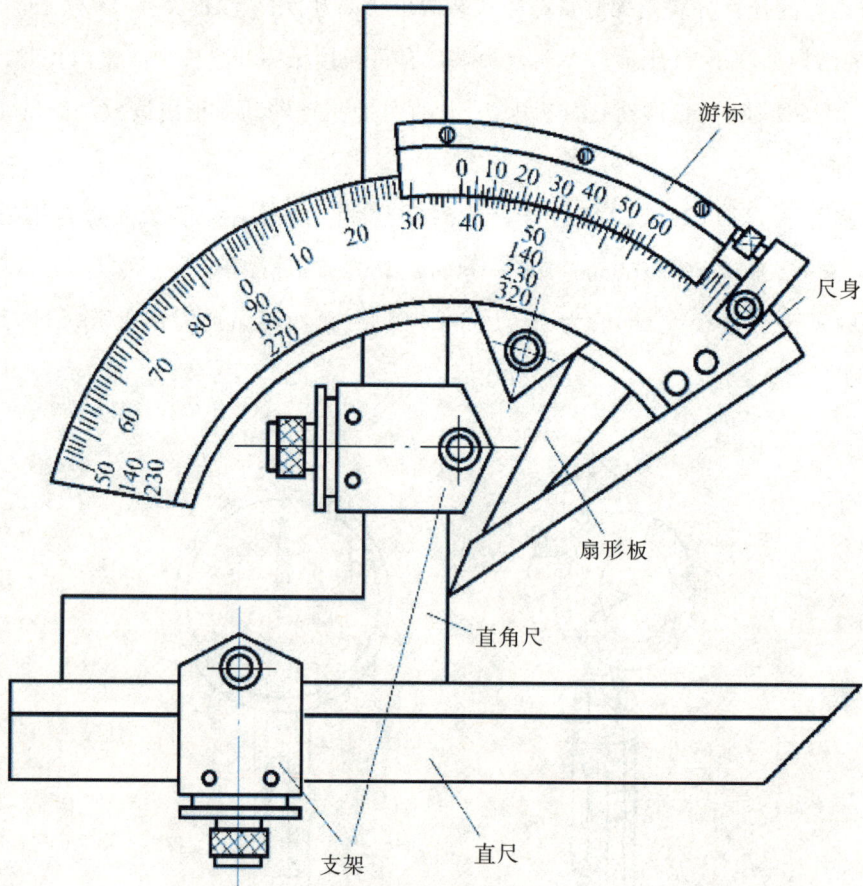

图 3-35　万能角度尺

（2）万能角度尺的刻线原理及读数。尺身刻线每格 1°，游标刻线是将尺身上的 29° 所占的弧长等分为 30格，每格所对的角度为 29°/30。因此游标 1 格与尺寸 1 格相差：

$$1° - 29°/30 = 1°/30 = 2'$$

即万能角度尺的测量精度为 2′。

万能角度尺的读数方法和游标卡尺的相似，先从尺身上读出游标零线前的整度数，再从游标上读出角度 "′" 的数值，两者相加即是被测物体的角度数值。

（3）万能角度尺的测量范围。由于直角尺和直尺可以移动和拆换，万能角度尺可以测量 0°—320° 的任何角度（如图 3-36）。

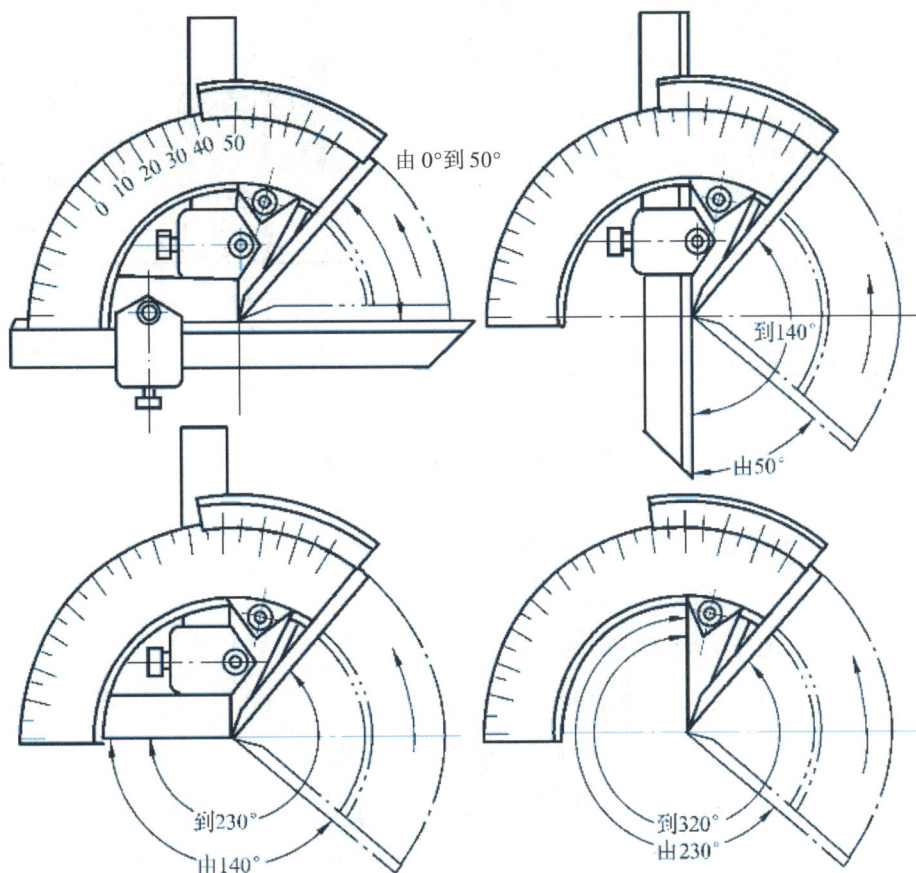

由0°到50°

到140°

由50°

到230°

由140°

到320°

由230°

图3-36　万能角度尺的测量范围

5. 水平仪

水平仪主要用于测量导轨在垂直平面内的直线度、工作台面的平面度及零件间的垂直度和平行度等，分为条形水平仪、框式水平仪和合象水平仪等，如图3-37所示。

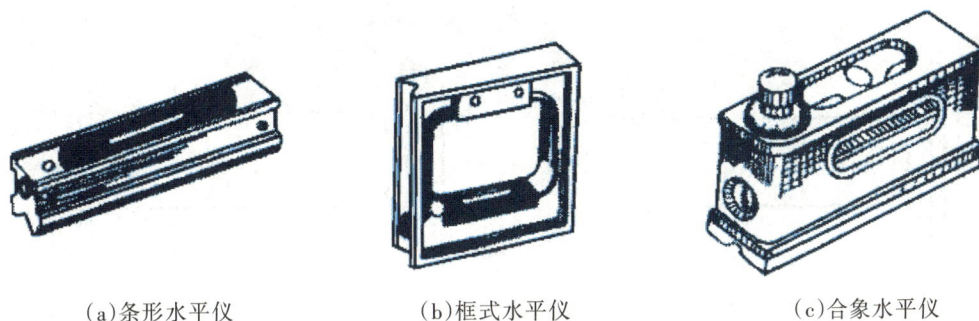

（a）条形水平仪　　　　　　（b）框式水平仪　　　　　　（c）合象水平仪

图3-37　水平仪的种类

（1）水平仪的读数原理。如图3-38所示，假定平板处于自然水平，在平板上放一根1米长的平尺，平尺的水平仪的读数为零，即水平状态。如将平尺右端抬起0.02mm，相当于使平尺与平板平面平行成4″的角度。如果此时水平仪的气泡向右移动1格，该水平仪读数精度规定为每格0.02/1000，读作千分之零点零二。水平仪是一种测角量仪，测量单位是用斜率做刻度，如0.02/1000。其含义是测量面与水平面倾斜为4″，斜率是0.02/1000。此时平尺两端的高度差，则因测量长度不同而不同。

31

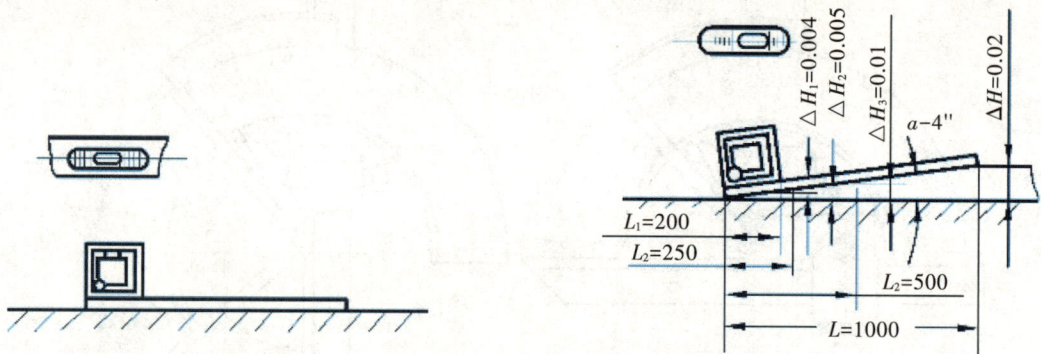

图3-38　水平仪读数的原理

按相似三角形比例关系可得：

在离左端200mm处：$\triangle H_1 = 0.02 \times 200/1000 = 0.004(\text{mm})$

在离左端250mm处：$\triangle H_2 = 0.02 \times 250/1000 = 0.005(\text{mm})$

在离左端500mm处：$\triangle H_3 = 0.02 \times 500/1000 = 0.01(\text{mm})$

因此，在用水平仪测量导轨直线度时，与测量用垫铁跨度有关。

（2）水平仪的读数方法。常用的读数方法有聚堆读数法和平均值读数法两种。

第一种绝对读数法。唯有气泡在中间位置时，才读作0。以零线为起点，气泡向任意一端偏离零线的格数，即为实际偏差的格数。偏离起端为"＋"，偏向起端为"－"。一般习惯由左向右移为"＋"，向左移为"－"。图3-39（a）所示为＋2格。

第二种平均值读数法。分别从两长刻线（零线）起向同一方向读至气泡停止的格数，把两数相加除以2，即为其读数值。如图3-39（b）所示，气泡偏离右端"零线"3格，气泡左端也向右偏离左端零线两格，实际读数为+2.5格，即右端比左端高2.5格。平均读数法不受环境温度影响，读数精度高。

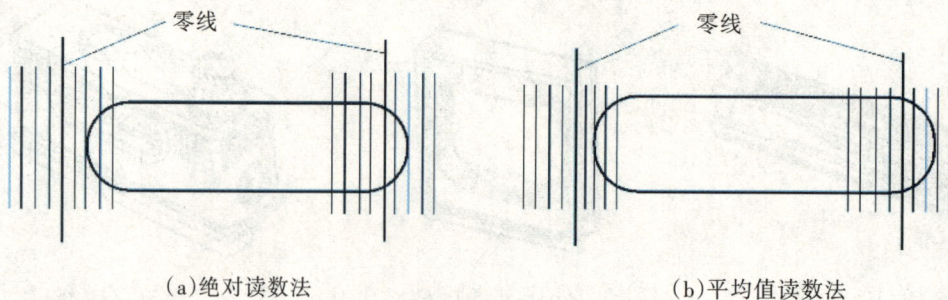

（a）绝对读数法　　　　　　（b）平均值读数法

图3-39　水平仪读数法

（3）用水平仪测量导轨垂直平面内直线度的方法

①用一定长度（L）的垫铁安放水平仪，不能直接将水平仪置于被测表面上。

②将水平仪置于导轨中间，调平导轨。

③将导轨分段，其长度与垫铁长度相适应。依次首尾相接逐段测量，取得各段高度差读数。可根据气泡移动方向来判定导轨倾斜方向，如气泡移动方向与水平仪移动方向一致时为"＋"，反之则为"－"。

④把各段测量读数逐点累积,画出导轨直线度曲线图。作图时,导轨长度为横坐标,水平仪读数为纵坐标。根据水平仪读数依次画出各折线段,每一段的起点与前一段的终点重合。

6. 塞尺

塞尺(如图3-40),又称为厚薄规,是用于检验两个结合面之间间隙大小的片状量规。

图3-40 塞尺

塞尺有两个平行的测量平面,其长度为50mm、100mm或200mm,由若干片叠合在夹板里。厚度为0.02—0.1mm的,中间每片相隔0.01mm;厚度为0.1—1mm的,中间每片相隔为0.05mm。

使用塞尺时,根据间隙大小,可用一片或数片重叠在一起插入间隙内。例如,用0.3mm的塞尺可以插入工件的间隙,0.35mm的塞尺插不进去时,说明工件的间隙在0.3—0.35mm之间。

塞尺的片有的很薄,容易弯曲和折断,测量时不能用力太大。还应注意,不能测量温度较高的工件。用完后要擦拭干净,及时合起来放入夹板中。

三、常用量具的维护和保养

为了保持量具的精度,延长其使用寿命,需要十分注意对量具的维护和保养。为此,应做到以下几点:

(1)测量前将量具的测量面和工件被测量面擦干净,以免脏物影响测量精度和加快量具的磨损。

(2)量具在使用过程中,不要和工具、刀具放在一起,以免碰伤。

(3)机床开动时,不要用量具测量工件,否则会加快量具磨损,而且也容易发生事故。

(4)温度对量具精度影响很大,因此量具不应放在热源(电炉、暖气片等)附近,以免受热变形。

(5)量具用完后,应及时擦净,涂油,放在专业盒子保存于干燥处,以免生锈。

(6)精密量具应定期鉴定和保养。发现精密量具有不正常现象时,应及时送交计量室进行校验。

本章小结

　　量具是用来测量、检验零件和产品尺寸、形状的工具。量具的种类很多,根据其用途、特点和精度的不同,在使用过程中应合理选用量具。为了保持量具的精度,延长其使用寿命,对量具必须十分注意维护保养。各种不同的量具,其刻线原理和读数方法是不同的,要通过具体的使用掌握其原理和使用方法。

　　随着测量技术的不断发展,新量具不断出现,如数显游标卡尺(如图3-41)、数显千分尺(如图3-42)等,从而极大地方便了测量。

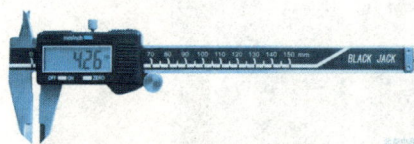

图3-41　数显游标卡尺　　　　　　　　　图3-42　数显千分尺

思考与练习

一、填空题

　　1. 一字螺钉旋具一般由_____、_____和_____组成,其规格以刀体部分的_____来表示。

　　2. 手动螺钉旋具加力技巧为七分_____、三分_____,注意"三点一线",使螺钉旋具手柄与安装板平面保持_____。

　　3. 机动螺钉旋具配合_____,可对不同形状、规格的螺钉拧紧或旋松,适合在大批量流水线上使用。

　　4. 拧紧和拆卸螺钉的顺序:对于正方形成组螺钉,要按_____装拆;对于长方形成组螺钉,应从_____开始逐步向_____对称扩展;对于圆形成组螺钉,必须以_____对称的按顺序进行。

　　5. 扳手一般分为_____和专用扳手。其中专用扳手包括_____、_____、_____和_____等。

　　6. 呆扳手使用时应使扳手开口与被旋拧件配合好后再用力,如接触不好时就用力_____。

　　7. 梅花扳手使用时要注意选择合适的_____、_____,以防滑脱伤手,将扳手沿紧固件轴向插入扳手,_____拧转紧固件。

　　8. 套筒扳手特别适用于拧转_____或_____的螺栓或螺母,且凹孔的直径不适合用开口扳手、活动扳手和梅花扳手的场合。

　　9. _____用来锁紧各种结构的圆螺母。

　　10. 扭矩扳手可分为_____式和_____式两种,适用于对_____有明确规定场合的拆装。

11. 机械装配和调试中常用的钳子有_____、_____、_____等。

12. 轴用挡圈钳和孔用挡圈钳的主要区别:轴用挡圈钳是拆装_____弹簧挡圈的专用工具,手把握紧时钳口是_____的;孔用挡圈钳是用来拆装_____弹簧挡圈的,手把握紧时钳口是_____的。

13. 轴承拆卸器主要用于拆卸_____,还可以用来拆卸各种_____、_____、_____、_____等。

14. 游标卡尺是一种_____精度的量具,可直接量出工件的_____、_____、_____、_____和_____等。

15. 游标卡尺测量时,卡爪测量面必须与工件的表面_____或_____,不得倾斜。且用力不能_____,以避免卡脚变形或磨损,影响测量精度。

16. 用游标卡尺测量内径尺寸时,应轻轻摆动卡爪,找出_____。而测沟槽时应找出_____。

17. 千分尺是一种_____的测微量具,其最小刻度为_____mm。

18. 千分尺的读数方法是:首先读出微分筒边缘在固定套管上的_____数和_____数,然后读出与固定套管上基准线对齐的微分筒刻线的_____数,读数相加就是测得的实际尺寸。

19. 用千分尺测量时,应用左手拿住_____部分,右手转动_____至发出"吱吱"声响为止,测量力要适当。

20. 百分表是钳工常用的一种_____量具,用来检验机床_____、校正零件的_____和测量工件尺寸、形状和位置的微量偏差,其优点是方便、可靠、迅速。

21. 除钟式百分表外,按结构和功能的不同,百分表还应_____百分表和_____百分表等。

22. 内径百分表都附有成套的可换触头,使用前必须进行_____和校对_____。

23. 水平仪主要用于检验各种基础及其他设备导轨的_____和设备安装的_____、_____、_____和_____,也可测量零件的微小倾角。

24. 常用的水平仪有_____水平仪和_____水平仪等。

二、判断题

1. 使用螺钉旋具前应先擦净它的柄部和刃口的油污,以免工件滑脱发生意外,使用后也要擦拭干净。( )

2. 找不到合适的螺钉旋具时,可以用较大的螺钉旋具去旋拧较小的螺钉。( )

3. 使用时,不可用螺钉旋具当撬棒或凿子使用。( )

4. 不要用螺钉旋具旋紧或松开握在手中工件上的螺钉,应将工件夹固在夹具内,以防伤人。( )

5. 螺钉拧得过紧时,应用锤击螺钉旋具手把柄端部的方法撬开缝隙或别除金属毛刺及其他的物体。( )

6. 不能在扳手尾端加接套管延长手臂,以防损坏扳手。 （　　）

7. 不能用钢锤敲击扳手,扳手在冲击载荷下极易变形或损坏。 （　　）

8. 不能将公制扳手用于英制螺栓或螺母,也不能将英制扳手用于公制螺栓或螺母,以免造成打滑而伤及使用者。 （　　）

9. 使用扭矩扳手测定紧固的力矩值应设定在扳手最大量程的1/3至3/4之间,禁止满量程使用扭矩扳手。 （　　）

10. 不能在扭矩扳手尾端加接套管延长力臂,以防损坏预置式扭矩扳手。 （　　）

11. 扳手使用完毕后,要将其调至最小的扭矩,使测力弹簧充分放松,使用寿命延长。 （　　）

12. 游标卡尺可以测量工件的外径、内径、长度、宽度、高度等。 （　　）

13. 没有画线工具时,游标卡尺可以代替画线工具进行画线。 （　　）

14. 用千分尺测量工件时,应转动活动套管并拧紧,以保证测量的准确性。 （　　）

15. 用公法线千分尺三针测量螺纹的尺寸必须经过换算才能得到螺纹中径的实际值。 （　　）

16. 百分表可以直接测量出工件的实际尺寸。 （　　）

17. 钟式百分表测量杆必须垂直于被测量表面,否则测量结果不准确。 （　　）

18. 内径百分表用来测量孔径和孔的深度、形状误差。 （　　）

19. 百分表比千分尺更精确,其最小读数值是0.005mm。 （　　）

20. 游标卡尺尺身和游标上的刻线间距都是1mm。 （　　）

21. 游标卡尺是一种常用量具,能测量各种不同精度要求的零件。 （　　）

22. 0—25mm千分尺放置时两测量面之间需保持一定间隙。 （　　）

23. 千分尺上的棘轮,其作用是限制测量力的大小。 （　　）

24. 塞尺也是一种界限量规。 （　　）

25. 水平仪用来测量平面对水平或垂直位置的误差。 （　　）

26. 水平仪的读数方法有相对读数法和绝对读数法。 （　　）

27. 万能角度尺可以测量0°—320°的任意角度。 （　　）

28. 使用电动工具时,必须握住工具手柄,但可拉着软线拖动工具。 （　　）

三、选择题

1. 工作完毕后,所用过的工具要(　　)。

　　A.检修　　　　　　　　B.堆放　　　　　　　　C.清理、涂油　　　　　　D.交接

2. 用测力扳手使(　　)达到给定值的方法是控制扭矩法。

　　A.张紧力　　　　　　　B.压力　　　　　　　　C.预紧力　　　　　　　　D.力

3. 在拧紧圆形或方形布置的成组螺母时,必须(　　)。

　　A.对称进行　　　　　　B.从两边开始对称进行　　C.从外向里　　　　　　　D.无序

4. 对于形状简单的静止配合件拆卸时,可用(　　)。

　　A.拉拔法　　　　　　　B.顶压法　　　　　　　C.温差法　　　　　　　　D.破坏法

5. 工作完毕后,所用过的(　　)要清理、涂油。

    A. 量具   B. 工具   C. 工量具   D. 器具

6. 拆装内六角螺钉时,使用的工具是(　　)。

    A. 套筒扳手   B. 内六角扳手   C. 锁紧扳手   D. 开口扳手

7. 手电钻装卸钻头时,按操作规程必须用(　　)。

    A. 钥匙   B. 榔头   C. 铁棍   D. 管钳

8. 使用电钻时应穿(　　)。

    A. 布鞋   B. 胶鞋   C. 皮鞋   D. 凉鞋

9. 量具在使用过程中,与工件(　　)放在一起。

    A. 不能   B. 能   C. 有时能   D. 有时不能

10. 发现精密量具有不正常现象时,应(　　)。

    A. 自己修理   B. 及时送交计量室   C. 继续使用   D. 可以使用

11. 长度尺寸45±10mm选用(　　)测量较为合适。

    A. 游标卡尺   B. 外径千分尺   C. 百分表   D. 量块

12. 轴的直径为40mm,上偏差为0,下偏差为0.02mm,应选用(　　)测量。

    A. 0—25千分尺   B. 25—50千分尺   C. 50—75千分尺   D. 75—100千分尺

13. 用200mm×200mm、精度为0.02mm的框式水平仪进行测量,气泡偏移了三格,则水平仪两端的高度

    差h为(　　)mm。

    A. 0.02   B. 0.03   C. 0.06   D. 0.012

14. 测量深孔直径应选用(　　)。

    A. 钟面式百分表   B. 杠杆百分表   C. 内径百分表   D. 游标卡尺

15. 千分尺测微螺杆的位移是(　　)mm。

    A. 25   B. 50   C. 100   D. 150

16. 对于加工精度要求(　　)的沟槽尺寸,要用内径千分尺来测量。

    A. 一般   B. 较低   C. 较高   D. 最高

17. 内径千分尺的活动套筒转动一圈,测微螺杆移动(　　)mm。

    A. 1   B. 0.5   C. 0.01   D. 0.001

18. 内径千分尺可测量的最小孔径为(　　)mm。

    A. 5   B. 50   C. 75   D. 100

19. 百分表制造精度分为0级和1级两种,0级精度(　　)。

    A. 高   B. 低   C. 与1级相同   D. 不相上下

20. 百分表每次使用完毕后要将测量杆擦净,放入盒内保管,应(　　)。

    A. 涂上油脂   B. 上机油

    C. 让测量杆处于自由状态   D. 拿测量杆,以免变形

21. 内径百分表盘面有长短两个指针,短指针一格表示(　　)mm。

A. 1　　　　　　　　B. 0.1　　　　　　　　C. 0.01　　　　　　D. 10

22. 内径百分表的测量范围是通过更换(　　)来改变的。

　　A. 表盘　　　　　　　B. 测量杆　　　　　　C. 长指针　　　　　D. 可换触头

23. 用内径百分表可测量零件孔的(　　)。

　　A. 尺寸误差和位置误差　　　　　　　　　　B. 形状误差和位置误差

　　C. 尺寸误差、形状误差和位置误差　　　　　D. 尺寸误差和形状误差

24. 内径百分表表盘沿圆周有(　　)个刻度。

　　A. 50　　　　　　　　B. 80　　　　　　　　C. 100　　　　　　　D. 150

四、简答题

1. 拧紧和拆卸螺钉需要用到哪些工具? 有哪些注意事项?

2. 使用活动扳手应注意哪几点?

3. 拧紧、拆卸螺栓或螺母可以用哪些工具? 顺序是怎么样的?

4. 试述游标卡尺的读数原理和读数方法。

5. 试述千分尺的读数原理和读数方法。

6. 量具应怎样维护和保养?

项目四 固定连接的装配

在机器中有相当多的零件需要彼此连接,连接件间不能做相对运动的称为固定连接,能按照一定的运动形式做相对运动的称为活动连接。通常所谓的连接主要是指固定连接。

固定连接一般分为可拆卸连接和不可拆卸连接。可拆卸连接,即拆开时不破坏连接件和被连接件,例如螺纹连接、键连接、销连接等;不可拆卸连接即拆开时会破坏连接件或被连接件,例如焊接、铆接、黏接等。

螺纹连接的特点:其一,螺纹拧紧时能产生很大的轴向力;其二,它能方便地实现自锁;其三,结构简单、外形尺寸小;其四,制造简单,能保持较高的精度;其五,螺纹紧固件多为标准件。

螺纹连接是一种可拆卸的固定连接,它具有结构简单、连接可靠、装拆方便等优点,在机械中应用广泛。螺纹连接分普通螺纹连接和特殊螺纹连接两大类,由螺栓、双头螺柱或螺钉构成的连接称为普通螺纹连接;除此之外的连接称为特殊螺纹连接,如图4-1所示。

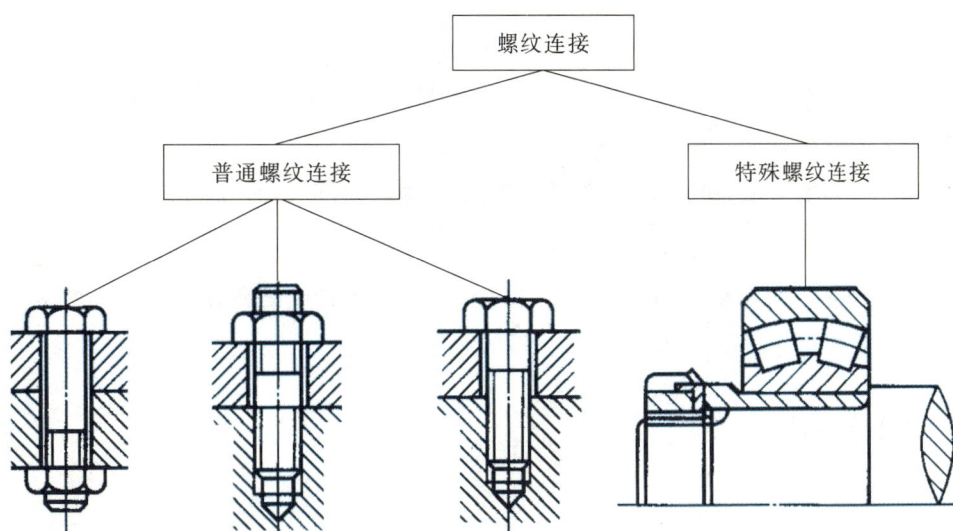

图4-1 螺纹连接类型

一、螺纹种类

螺纹种类,如图4-2所示。

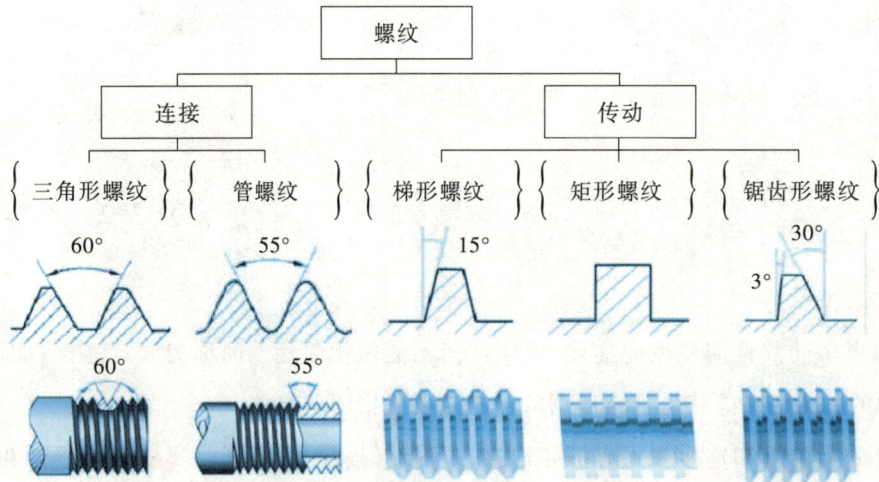

图4-2 螺纹种类

1.三角形螺纹

三角螺纹通常指牙型角为60°的螺纹,分为粗牙、细牙两种螺纹。前者多为紧固连接,后者主要是快速锁定连接。

2.管螺纹

专用于管件连接的特殊细牙三角形螺纹,牙型角$\alpha = 55°$,特点:连接密封性好。

3.梯形螺纹

牙型为梯形,牙型角$\alpha = 30°$;传动效率比矩形稍低,但制造工艺好,定心性好。

4.矩形螺纹

牙型多为正方形,牙型角$\alpha = 0°$;传动效率高,但精加工困难,磨损后轴向间隙不易补偿。

5.锯齿螺纹

牙侧角β两边不等,工作边为3°,非工作边为30°;综合了矩形螺纹的高效率和梯形螺纹、三角形螺纹的优点,适用于单向受载的传动螺旋。

二、标准螺纹连接件

1.螺栓

普通螺栓——六角头,小六角头,标准六角头,大六角头,内六角铰制孔螺栓——螺纹部分直径较小螺母,如图4-3所示。

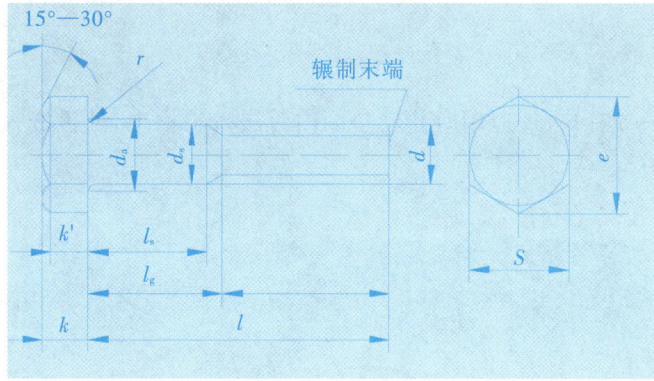

图 4-3　普通螺栓

2. 双头螺柱——两端带螺纹

A 型——有退刀槽，B 型——无退刀槽，如图 4-4 所示。

3. 螺钉

与螺栓区别——要求螺纹部分直径较粗，如图 4-4 所示。

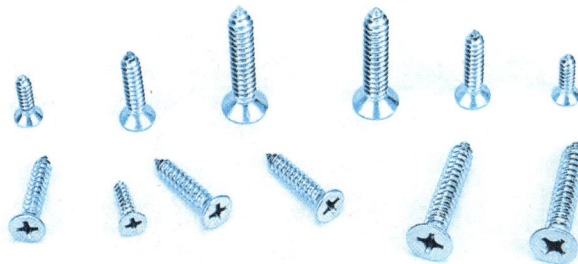

图 4-4　双头螺栓和螺钉

4. 紧定螺钉（如图 4-5）

锥端——适于零件表面硬度较低、不常拆卸的场合。

平端——接触面积大、不伤零件表面，用于顶紧硬度较大的平面，适于经常拆卸。

圆柱端——压入轴上凹坑中，适于紧定空心轴上零件的位置，轻材料和金属薄板。

5. 自攻螺钉——由螺钉攻出螺纹（如图 4-5）

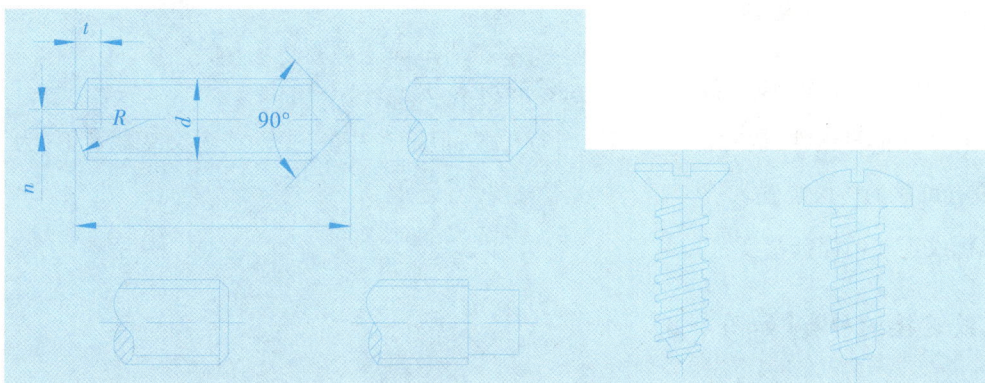

图 4-5　紧定螺钉和自攻螺钉

6. 螺母

六角螺母:标准,扁。

圆螺母+止动垫圈——带有缺口,应用时止动垫圈内舌嵌入轴槽中,外舌嵌入圆螺母的槽内,螺母即被锁紧。如图4-6。

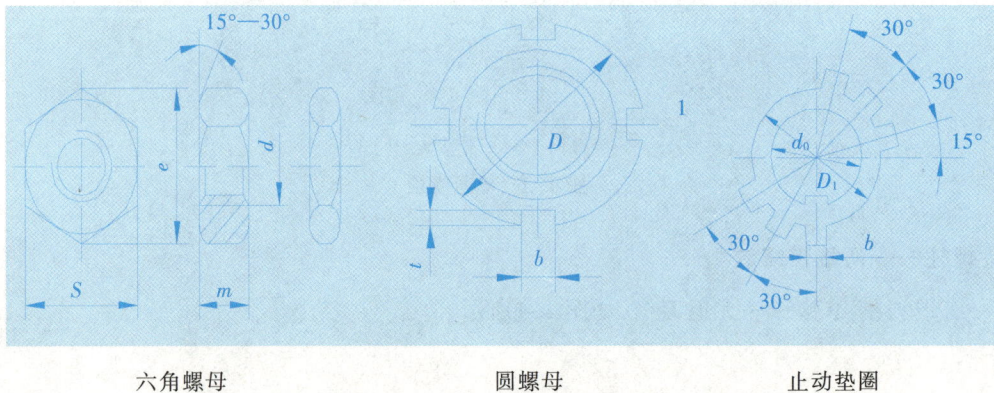

六角螺母   圆螺母   止动垫圈

图4-6 螺母种类

7. 垫圈

垫圈是指垫在被连接件与螺母之间的零件。一般为扁平形的金属环,用来保护被连接件的表面不受螺母擦伤,分散螺母对被连接件的压力,如图4-7所示。

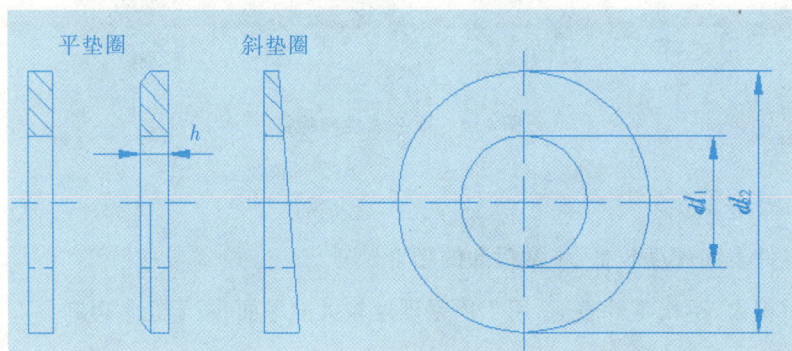

图4-7 垫圈

三、螺纹连接的技术要求

1. 保证一定的拧紧力矩,使得纹牙间产生足够的预紧力。

2. 螺纹有一定的自锁性,通常情况下不会自行松脱;但是在冲击、振动或者交变载荷下,为了避免连接松动,还应该有可靠的防松装置。

3. 保证螺纹连接的配合精度。

四、螺纹连接的种类(如图4-8)

螺纹连接分为螺栓连接、双头螺柱连接、螺钉连接、紧定螺钉连接等。

| 螺栓连接 | 双头螺柱连接 | 螺钉连接 |

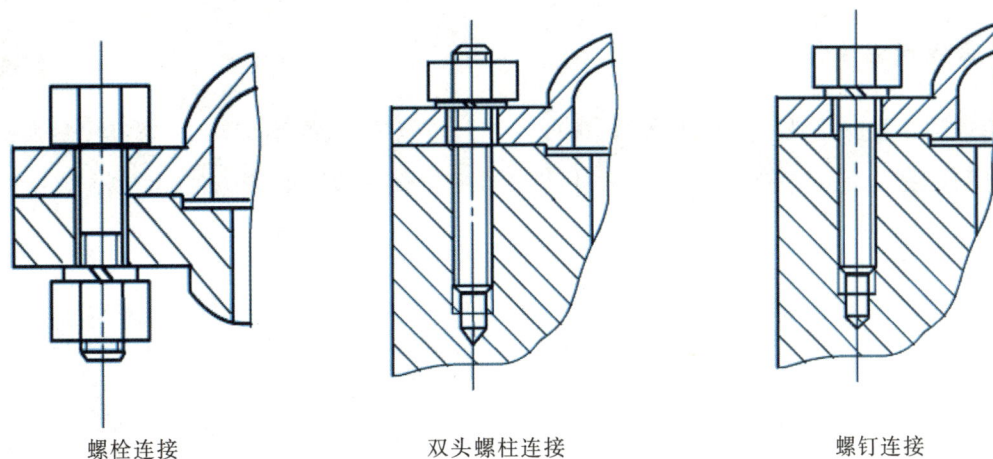

图 4-8　螺纹连接的种类

螺纹连接的种类,见表 4-1。

表 4-1　螺纹连接的种类

类　型	构　造	尺寸关系	应　用
螺栓连接		螺纹余留长度 L: 静载荷 $L_1 \geqslant (0.3 - 0.5)d$ 冲击载荷或弯曲载荷 $L_1 \geqslant d$ 变载荷 $L_1 \geqslant 0.75d$ 铰制孔用螺栓 L_1 应稍大于螺制收尾部分长度 螺纹伸出长度 $a = (0.2 - 0.3)d$ 螺纹轴线到边缘的距离 $e = d + (3-6)mm$ 通孔 直径 $d_c = 1.1d$	用于通孔,损坏后容易更换
双头螺栓连接		座端拧入深度 H,当螺孔为钢或青铜 $H = d$ 铸铁 $H = (1.25 - 15.)d$ 铝合金 $H = (1.5 - 2.5)d$ 螺纹孔深度 $H_1 = H + (2-2.5)p$ 钻孔深度 $H_2 = H_1 + (0.05 - 1)d$ L、L_1、a、e、de 同上	多用于盲孔,被连接件需经常拆卸时
螺钉连接			多用于盲孔,被连接键很少拆卸时
紧定螺钉连接			专供固定机件相对位置用的一种螺钉

五、普通螺栓连接

1. 普通螺栓连接——被连接件不太厚,螺杆带外六角螺栓,通孔不带螺纹,螺杆穿过通孔与螺母配合使用。装配后孔与杆间有间隙,并在工作中不许消失,结构简单,装拆方便,可多个装拆,应用较广。如图4-9、图4-10所示。

图4-9　普通螺栓连接

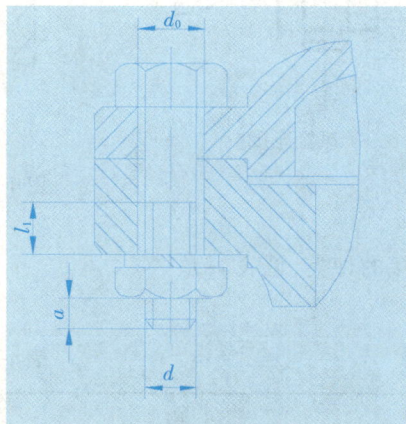

图4-10　普通螺栓连接

2. 精密螺栓连接——装配后无间隙,主要承受横向载荷,也可作定位用,采用基孔制配合铰制孔螺栓连接,如图4-11所示。

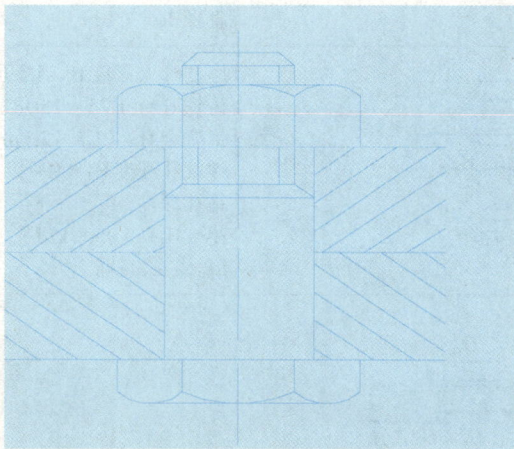

图4-11　精密螺栓连接

六、螺钉连接

1. 双头螺钉连接——螺杆两端有钉头,且均有螺纹;装配时一端旋入被连接件,另一端配以螺母。适于常拆卸而被连接件之一较厚时。拆装时只需拆螺母,而不将双头螺栓从被连接件中拧出。

2. 螺钉连接——适于被连接件之一较厚(上带螺纹孔),不需经常装拆,一端有螺钉头,不需螺母。适于受载较小情况,如图4-12所示。

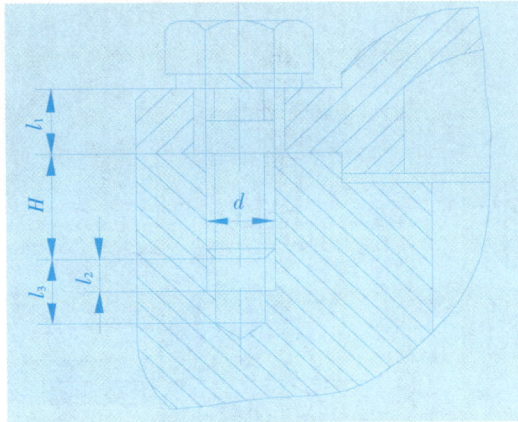

图 4-12　螺钉连接

3. 紧定螺钉连接——拧入后，利用杆末端顶住另一零件表面或旋入零件相应的缺口中，以固定零件的相对位置。可传递不大的轴向力或扭矩，如图 4-13 所示。

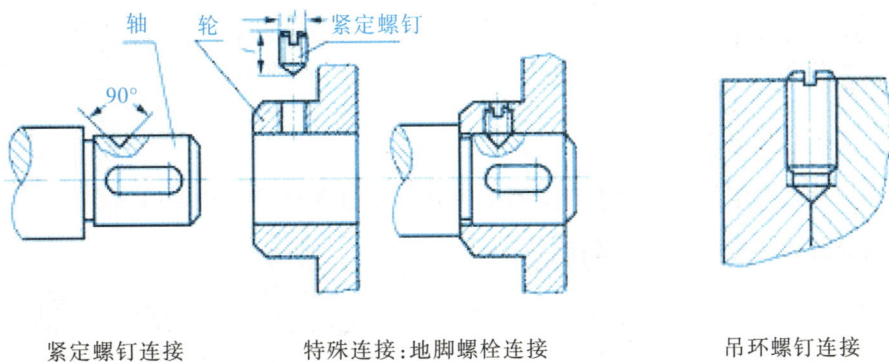

紧定螺钉连接　　　　特殊连接:地脚螺栓连接　　　　吊环螺钉连接

图 4-13　紧定螺钉连接方式

七、螺纹连接的预紧和防松

1. 螺纹连接(如图 4-14)的预紧

螺纹连接:松连接——在装配时不拧紧,只承受外载时才受到力的作用。

紧连接——在装配时需拧紧,即在承载时已预先受力,预紧力 F'。

预紧目的——为了增强连接的刚性,增加紧密性和提高防松能力。对于受轴向拉力的螺栓连接,还可以提高螺栓的疲劳强度;对于受横向载荷的普通螺栓连接,有利于增大连接中接合面之间的摩擦。

预紧力 F'——预先轴向作用力(拉力)。

预紧过紧——F'过大,螺杆静载荷增大、降低本身强度。

过松——拧紧力 F'过小,工作不可靠。

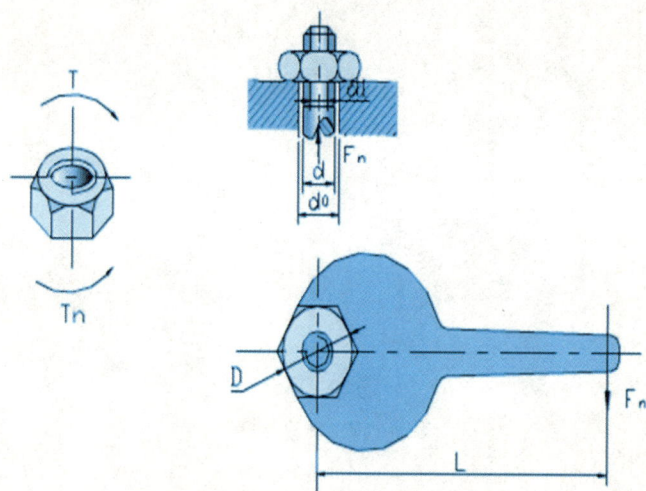

图 4-14   螺纹连接

扳手拧紧力矩——$T = F_n \cdot L$。

F_n——作用于手柄上的力，L——力臂。

预紧力 F' 的控制：

测力矩扳手——测出预紧力矩。

定力矩扳手——达到固定的拧紧力矩 T 时，弹簧受压。将自动打滑，如图 4-15 所示。

测量预紧前后螺栓伸长量——精度较高。

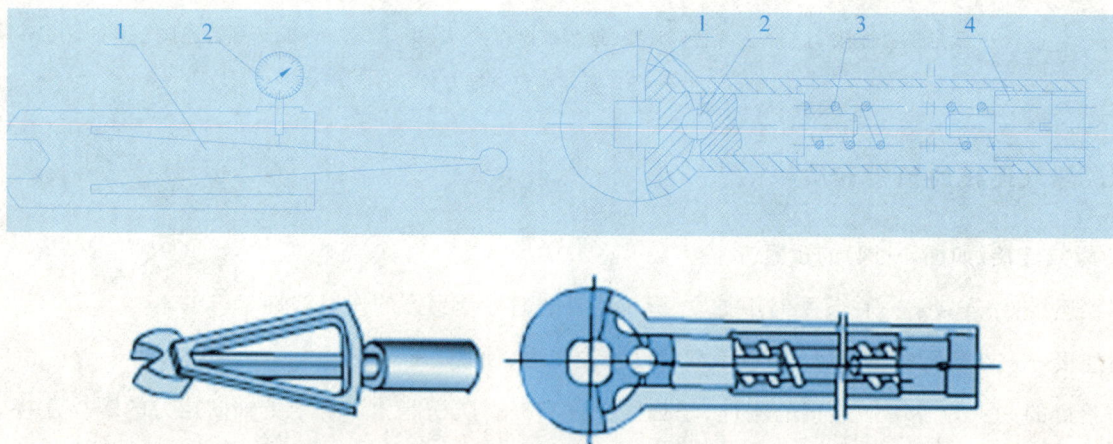

图 4-15   定力矩扳手和测力矩扳手

2. 螺纹连接的防松

在静载荷作用下，连接螺纹升角较小，能满足自锁条件。但在受冲击、振动或变载荷以及温度变化较大时，连接有可能自动松脱，容易发生事故。因此在设计螺纹连接时，必须考虑防松问题。

防松的根本问题在于防止螺纹副的相对转动。按工作原理分有三种防松方式：利用摩擦力防松、利用机械零件直接锁住防松和破坏螺纹副的运动关系防松。

摩擦防松方式如图 4-16 所示。

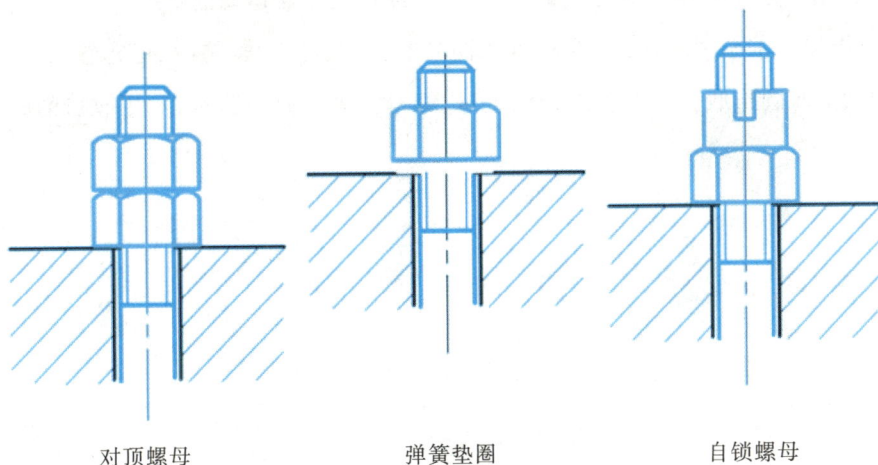

对顶螺母　　　　弹簧垫圈　　　　自锁螺母

图4-16　摩擦防松方式

机械防松,如图4-17—图4-20所示。

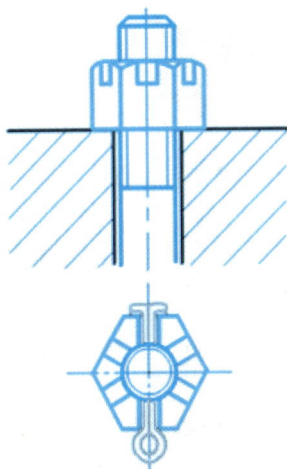

图4-17　开口销与槽形螺母

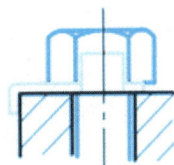

图4-18　止动垫圈

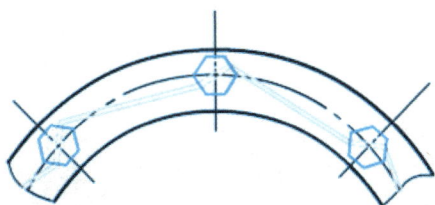

图4-19　串联钢丝

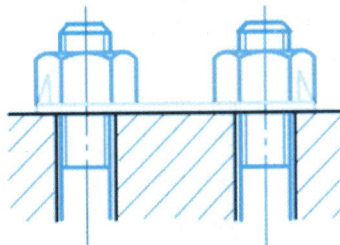

图4-20　止动垫圈

3. 螺纹防松的目的、原理、办法及措施

(1)防松目的。①在冲击、振动和变载荷作用下,螺纹之间的摩擦力可能瞬时消失而影响正常工作;②在高温或温度变化较大时,螺栓与被连接件的温度变形差或材料的蠕变,也可能导致连接的松脱。因此,必须进行防松,否则会影响正常工作,造成事故。

（2）防松原理。消除（或限制）螺纹副之间的相对运动,或增大相对运动的难度。

（3）防松办法及措施。①摩擦防松（如图4-21、图4-22）：双螺母、弹簧垫圈、尼龙垫圈、自锁螺母等自锁螺母——螺母一端做成非圆形收口或开峰后径面收口,螺母拧紧后收口张开,利用收口的弹力使旋合螺纹间压紧。

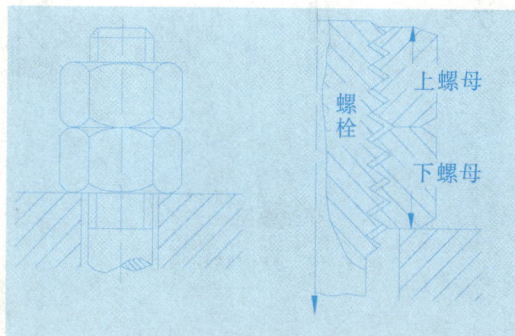

图4-21　双螺母防松

自锁螺母　　　　　　　　　　　　弹簧垫圈防松

图4-22　自锁螺母和弹簧垫圈防松

②机械防松（如图4-23）：可用开槽螺母与开口销、圆螺母与止动垫圈、弹簧垫片、轴用带翅垫片、止动垫片、串联钢丝等进行机械防松。

开槽螺母与开口销　　　　　　螺母与止动垫圈　　　　　　串联钢丝

图4-23　机械防松

③永久防松（如图 4-24）：化学防松——黏合。

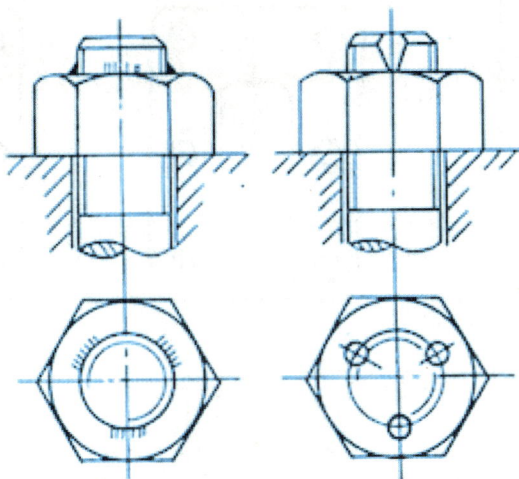

图 4-24　永久防松

双头螺柱的装配要点：

第一，保证双头螺柱与机体螺纹的配合有足够的紧固性。

第二，双头螺柱的轴心线必须与机体表面垂直。

第三，装入双头螺柱时必须使用润滑剂。

第四，注意常用双头螺柱的拧紧方法。

螺母、螺钉的装配要点：

第一，螺杆不产生弯曲变形，螺钉的头部、螺母底面应该与连接件接触良好。

第二，被连接件应受压均匀，互相紧密贴合，连接牢固。

第三，拧紧成组螺母或者螺钉时，要注意一定的拧紧顺序。原则是：先中间、后两边，分层次，对称，逐步拧紧。

◇ 思 ◇ 考 ◇ 与 ◇ 练 ◇ 习 ◇

一、在下列螺钉孔中标注出螺钉拧紧顺序

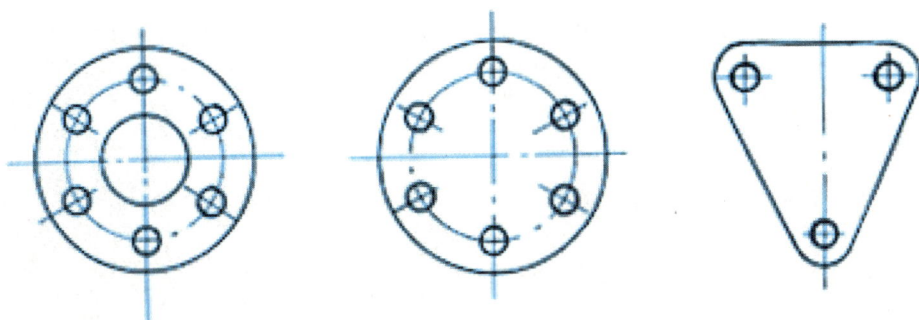

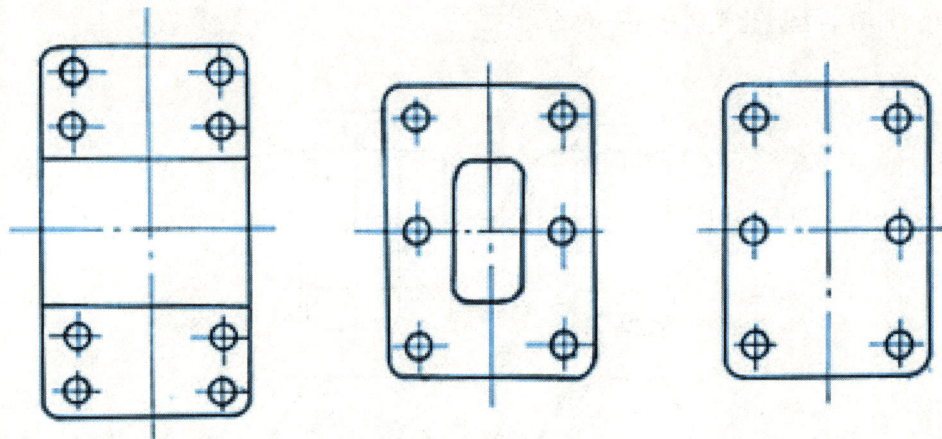

二、选择题

1. 在常用的螺纹连接中,自锁性能最好的螺纹是(　　　)。

　　A. 三角形螺纹　　　　　　　　　B. 梯形螺纹

　　C. 锯齿形螺纹　　　　　　　　　D. 矩形螺纹

2. 当两个连接件之一太厚,不宜制成通孔且需要经常拆卸时,往往采用(　　　)。

　　A. 螺钉连接　　　　　　　　　　B. 螺栓连接

　　C. 双头螺柱连接　　　　　　　　D. 紧固螺钉连接

三、填空题

1. 根据螺纹连接放松原理不同,它可分为_____防松和_____防松。

2. 在键连接中,楔键连接的主要缺点是_____。

3. 对于螺纹连接,当两被连接件中其一较厚不能使用螺栓时,则应用_____连接或_____连接,其中经常拆卸时选用_____连接。

4. 常用螺纹连接的形式有_____连接、_____连接、_____连接、_____和_____连接。

5. 螺纹的牙型不同应用场合也不同,_____螺纹常用于连接,_____螺纹常用于传动。

6. 在振动、冲击或变载荷作用下的螺栓连接,应采用_____装置,以保证连接的可靠。

7. 常用螺纹的类型主要有_____、_____、_____和_____。

四、简答题

简述螺栓、螺母的装配要点。

项目五 键、销连接的装配

键是一种标准件,通常用于连接轴与轴上旋转零件与摆动零件,起周向固定零件的作用以传递旋转运动的扭矩,而导键、滑键、花键还可起轴上移动的导向功能。

一、键连接的类型与构造

主要类型:平键、半圆键、楔键、切向键。

1. 平键

①普通平键连接(如图5-1)

作用:用于静连接,即轴与轮毂间无相对轴向移动。

构造:两侧面为工作面,靠键与槽的挤压和键的剪切传递扭矩;轴上的槽用盘铣刀或指状铣刀加工;轮毂槽用拉刀或插刀加工。

图5-1 普通平键连接

普通平键(如图5-2):

圆头—A型(常用)—键顶上面与毂不接触有间隙。

方头—B型—常用螺钉固定。

半圆头—C型(端铣刀加工)—用于轴端与轮毂连接。

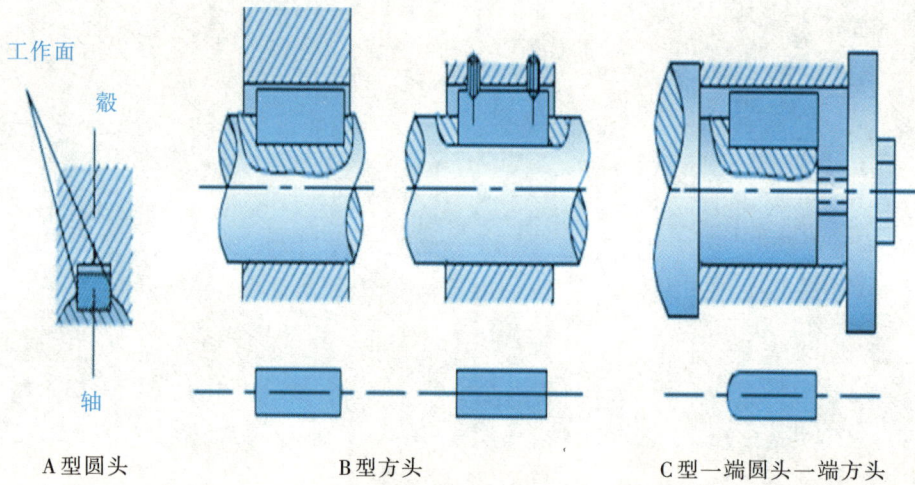

工作面
毂
轴

A型圆头　　　　　　　　B型方头　　　　　　　C型一端圆头一端方头

图5-2　普通平键

薄型平键：

键高为普通平键的60%—70%；圆头、方头、半圆头，用于薄壁结构、空心轴等径向尺寸受限制的连接。

2. 导向平键与滑键（如图5-3）

用于动连接，即轴与轮毂之间有相对轴向移动的连接。

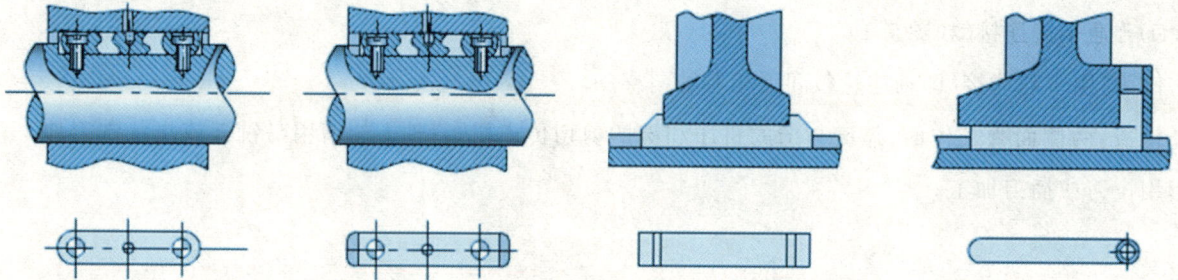

图5-3　滑键和导向平键

导向键：键不动，轮毂轴向移动；滑键：键随轮毂移动，如图5-4所示。

图5-4　导向平键和滑键

3. 半圆键

轴槽用与半圆键形状相同的铣刀加工，键能在槽中绕几何中心摆动，键的侧面为工作面，工作时靠其侧面挤压来传递扭矩，如图5-5所示。

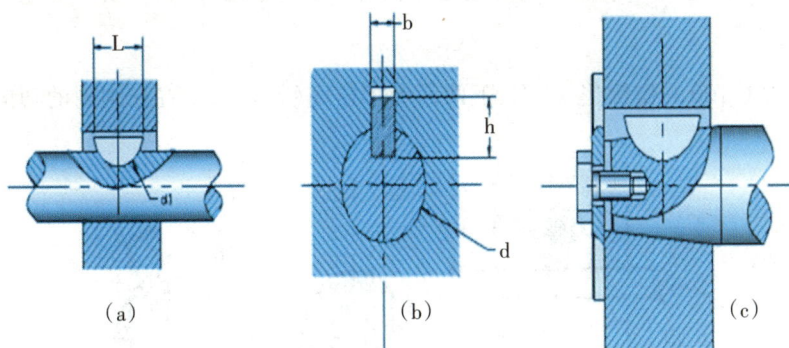

图5-5　半圆键

特点：工艺性好，装配方便，适用于锥形轴与轮毂的连接。

缺点：轴槽对轴的强度削弱较大。只适宜轻载连接。

4. 楔键连接（如图5-6）

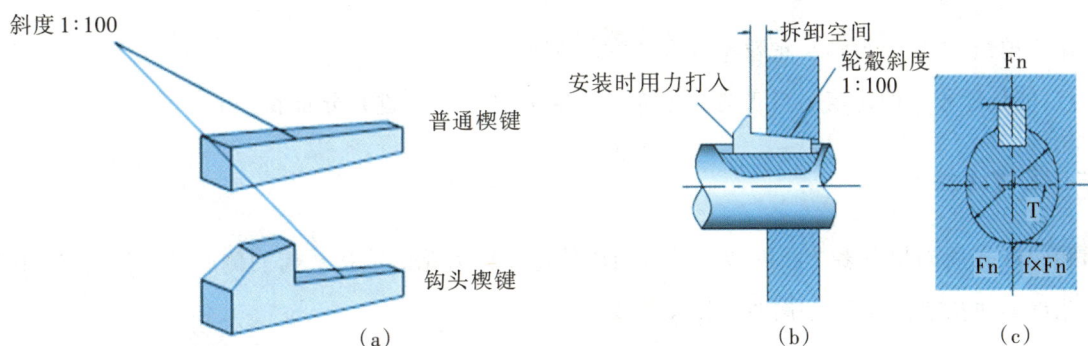

图5-6　楔键和楔键的安装

　　楔键分为普通楔键和钩头楔键，如图5-7。普通楔键有圆头（A型）、方头（B型）或单圆头（C型）三种。钩头楔键的钩头是为了拆键用的。上、下面为工作表面，有1:100斜度（侧面有间隙），工作时打紧，靠上、下面摩擦传递扭矩，并可传递小部分单向轴向力。

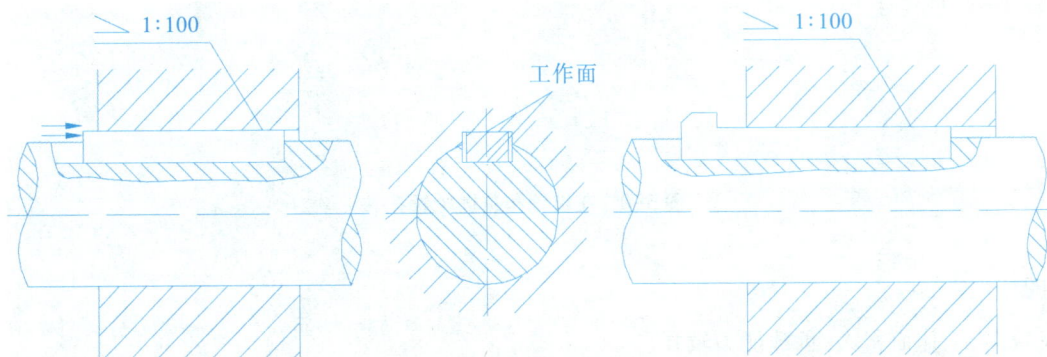

图5-7　普通楔键和钩头楔键

特点:适用于低速轻载、精度要求不高。对中性较差,力有偏心。不宜高速和精度要求高的连接,变载下易松动。钩头只用于轴端连接,如在中间用键槽应比键长2倍才能装入,且要用安全罩。

5.切向键

结构:两个斜度为1:100的楔键连接,上、下两面为工作面(打入),布置在圆周的切向,如图5-8所示。

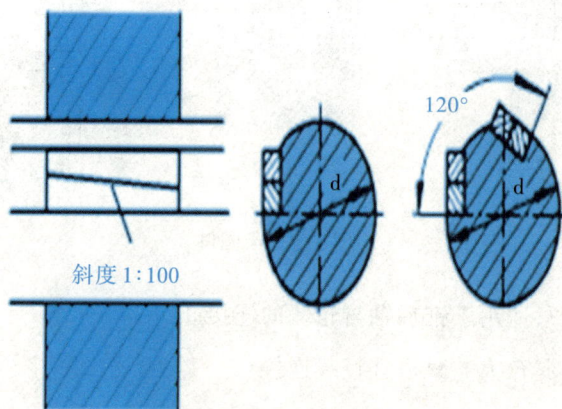

图5-8 切向键

工作原理:靠工作面与轴及轮毂相挤压来传递扭矩。

特点:能传递很大的转矩。当双向传递转矩时,需用两对切向键并分布成120°。

二、花键连接

轴和轮毂孔周向均布多个凸齿和凹槽所构成的连接称为花键连接。齿的侧面是工作面,适用于动、静连接。花键轴和花键轮毂孔,如图5-9所示。

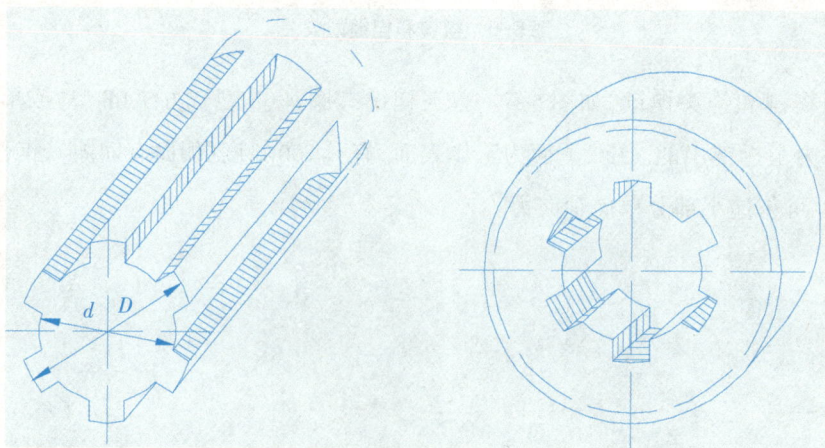

图5-9 花键轴和花键轮毂孔

花键的特点:

(1)齿较多、工作面积大、承载能力较强。

(2)键均匀分布,各键齿受力较均匀。

(3)齿槽线、齿根应力集中小,对轴的强度削弱减少。

(4)轴上零件对中性好。

(5)导向性较好。

(6)加工需专用设备、制造成本高。

花键类型,如图5-10所示。

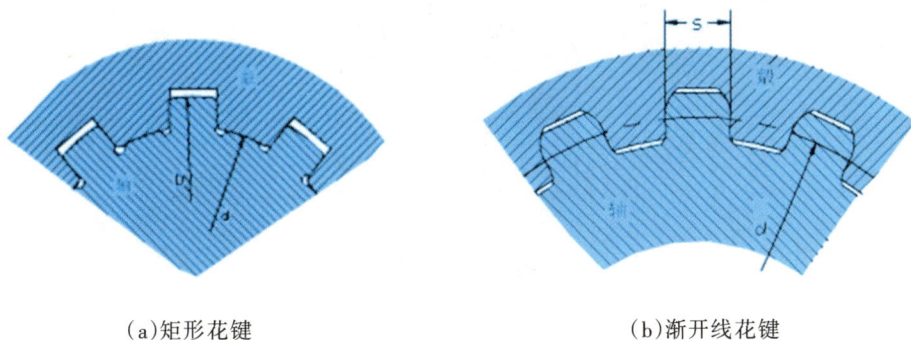

(a)矩形花键　　　　　　　　(b)渐开线花键

图5-10　花键类型

矩形花键连接按新标准为内径定心,定心精度高,定心稳定性好,配合面均要研磨,磨削消除热处理后变形,应用广泛。

渐开线花键定心方式为齿形定心。当齿受载时,齿上的径向力能自动定心,有利于各齿均载,应用广泛,优先采用。

三、销连接的装配

销可以分为圆柱销、圆锥销和安全销等。圆柱销依靠少量过盈固定在孔中,对销孔的尺寸、形状、表面粗糙度等要求较高,销孔在装配前必须铰削。通常被连接件的两孔应同时钻铰,孔壁的粗糙度不大于Ra0.6μm。装配时,在销上涂上润滑油,用铜棒将销打入孔中。

1. 销连接

定位销——主要用于零件间位置定位,如图5-11(a)(b)所示,常用作组合加工和装配时的主要辅助零件。

连接销——主要用于零件间的连接或锁定,如图5-11(c)所示,可传递不大的载荷。

安全销——主要用于安全保护装置中的过载剪断元件,如图5-11(d)所示。

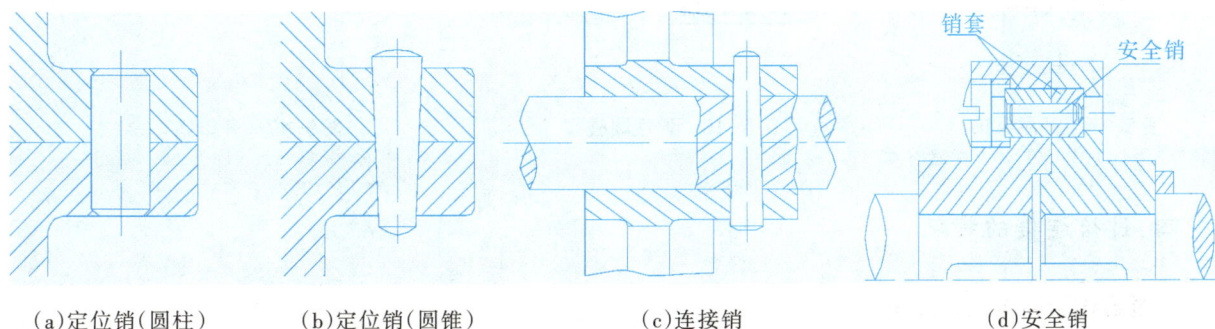

(a)定位销(圆柱)　　(b)定位销(圆锥)　　(c)连接销　　(d)安全销

图5-11　销连接种类

圆柱销——不能多于装拆(否则定位精度下降)。

圆锥销——1:50锥度,可自锁,定位精度较高,允许多次装拆,且便于拆卸,如图5-12所示。

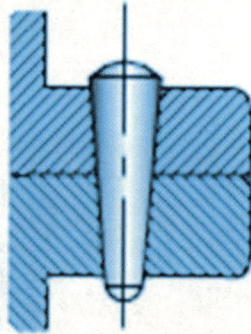

图5-12 圆锥销

2. 特殊销

带螺纹锥销,便于装拆,可用于盲孔,适用于有冲击的场合,如图5-13所示。槽销,适用于承受振动和变载荷的连接,如图5-14所示。开尾锥销,销尾可分开,能防止松脱,多用于振动冲击场合,如图5-15。弹性圆柱销,用弹簧钢带卷制而成,如图5-16所示。开口销是一种防松零件,用于锁紧其他紧固,用于冲击振动场合,如图5-17所示。

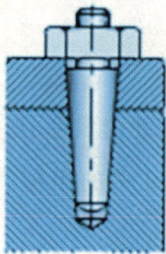

图5-13 带螺纹锥销　　　　　　　　　　　　　　　图5-14 槽销

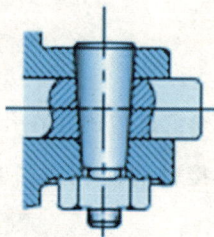

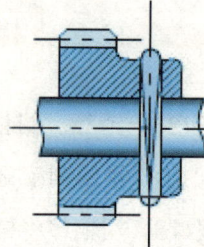

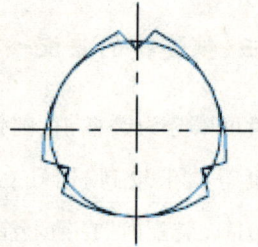

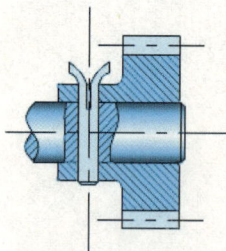

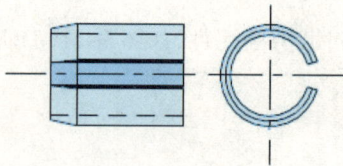

图5-15 开尾锥销　　　　图5-16 弹性圆柱销　　　　图5-17 开口销

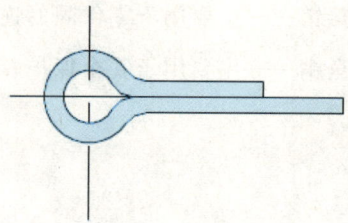

四、过盈连接的装配

1. 过盈连接的类型与应用

利用两个被连接件本身的过盈配合来实现,其配合表面多为圆柱面,也有圆锥或其他形式的配合面。过盈连接装配(圆柱面和圆锥面),如图5-18所示。

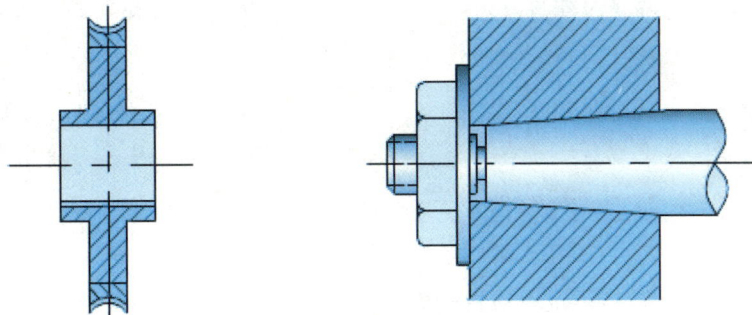

图 5-18 过盈连接装配(圆柱面和圆锥面)

无辅助件——用于轴与轮毂连接,轮圈与轮芯的连接,例如轴承与轴及座孔的连接,如图 5-19 所示。

有辅助件——借助于扣紧板或环将重型剖分零件 2、4 沿接缝,面 3 连接成一体,现大多由螺栓代替,如图 5-19 所示。

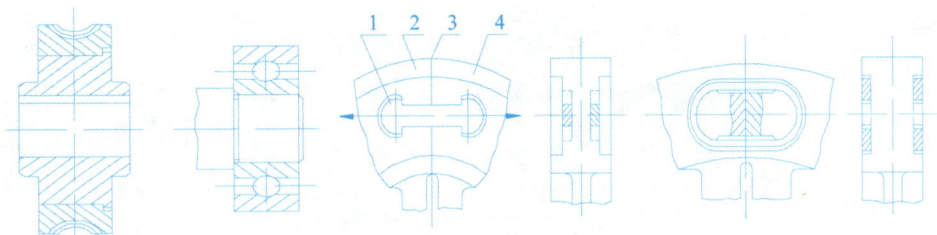

图 5-19 无辅助件和有辅助件

2. 过盈连接的工作原理与装配方法

工作原理:利用包容件与被包容件的径向变形使配合面间产生很大压力,从而靠摩擦力来传递载荷。

装配方法:

①压入法——利用压力机将被包容件压入包容件中,由于压入过程中表面微观不平度的峰尖被擦伤或压平,因而降低了连接的紧固性。

②温差法——加热包容件,冷却被包容件。可避免擦伤连接表面,使连接牢固。

思 考 与 练 习

一、选择题

1. 当键槽只有小凹痕、毛刺或轻微磨损时,可用细锉、(　　　)或刮刀等进行修整。

　　A. 油石　　　　　　　B. 毛刷　　　　　　　C. 砂纸　　　　　　　D. 粗砂纸

2. 半圆键形状与平键相似,但在外形上有(　　　)。

　　A. 斜度　　　　　　　B. 弯度　　　　　　　C. 圆弧　　　　　　　D. 螺纹

3. 普通平键连接的用途是使轴与轮毂之间(　　　)。

　　A. 沿轴向固定并传递轴向力　　　　　　　B. 沿周向固定并传递转矩

C. 沿轴向可相对滑动起导向作用　　　　D. 安装与拆卸方便

4. 半圆键和切向键应用场合是(　　　)。

A. 前者多用于传递较大转矩　　　　　　B. 后者多用于传递较小转矩

C. 前者多用于传递较小转矩　　　　　　C. 后者多用于传递较大转矩

5. (　　　)不能作为螺栓连接的优点。

A. 构造简单　　　　　　　　　　　　　B. 装拆方便

C. 连接可靠　　　　　　　　　　　　　D. 在变载下也具有很高的疲劳强度

6. 键的剖面尺寸通常是根据(　　　)按标准选择的。

A. 传递扭矩的大小　　　B. 传递功率的大小　　　C. 轮毂的长度　　　D. 轴的直径

7. 键的长度主要是根据(　　　)来选择的。

A. 传递扭矩的大小　　　B. 传递功率的大小　　　C. 轮毂的长度　　　D. 轴的直径

8. 灰铸铁具有很好的铸造性能和(　　　)性能。

A. 减震　　　　　　　B. 锻造　　　　　　　C. 收缩　　　　　　D. 膨胀

9. 汽车车轮上方,用板弹簧制成弹性悬挂装置,其作用是(　　　)。

A. 缓冲吸震　　　　　B. 控制运动　　　　　C. 储存能量　　　　D. 测量载荷

10. 按轴和孔配合后产生的过盈量,可采用(　　　)热装或冷装法装配。

A. 压装　　　　　　　B. 安装　　　　　　　C. 锥子　　　　　　D. 收缩

二、填空题

1. 在平键连接中,平键的剖面尺寸一般按_____确定。

2. 在螺纹连接中,按螺母是否拧紧分为紧螺栓连接和松螺栓连接,前者既能承受_____向载荷,又能承受_____向载荷,后者只能承受_____载荷。

3. 单线螺纹用于连接,其原因是_____;多线螺纹用于传动,其原因是_____。

4. 曲轴的润滑主要是指与摇臂间_____的润滑和两头固定点的润滑。

5. 曲轴也被用于空气压缩机中,当空气压缩机运行时,是依靠活塞、活塞环与_____工作面之间形成的密封腔压缩气体的。

6. 当轴表面上的螺纹碰伤、螺母不能拧入时,可用_____或_____修整。

7. 当键齿磨损不大时,先将花键部分退火,进行局部加热,然后用钝錾子对准键齿中间,手锤敲击,并沿键长移动,使键宽增加_____。

8. 对于承受载荷很大或重要的轴,其裂纹深度超过轴直径的_____或存在角度超过10°的扭转变形,则应予以调换。

9. 减速器按照传动部件的不同分为_____、_____、_____和_____。

10. 轴主要是用来支撑旋转的_____,如齿轮、带轮、链轮等,传递_____和_____。

11. 根据轴的承载情况,可分为_____、_____和_____三类。

12. 轴常见的失效形式有_____、_____和_____。

13. 轴颈磨损的修复方法有_____、_____、_____和_____。

三、简答题

1. 轴的分类有哪些？各适用于何种场合？

2. 轴的主要功用有哪些？举例说明。

3. 轴上零件的轴向固定方法有哪些？各有什么特点？

4. 为什么转轴常设计成阶梯形结构？

5. 轴颈磨损的修复方法有哪些？

6. 简述中心孔的修复方法。

7. 简述花键轴的修复方法。

8. 键连接有哪些主要类型？各有什么主要特点？

9. 平键连接的工作原理是什么？主要失效形式有哪些？

10. 销有哪几种？其结构特点是什么？各用在何种场合？

11. 导向平键连接和滑键连接有什么不同,各适用于何种场合？

12. 平键和楔键在结构和使用性能上有何区别？为什么平键应用较广？

13. 半圆键与普通平键连接相比,有什么优缺点？它适用于什么场合？

14. 普通平键和半圆键是如何进行标注的？

15. 花键连接和平键连接相比有哪些优缺点？为什么矩形花键和渐开线花键应用较广？三角形花键多用于什么场合？

16. 矩形花键连接有哪几种定心方式？为什么多采用按外径d定心？按内径d定心常用于何种场合？

17. 花键的主要尺寸参数有哪些？这些参数如何选择？

18. 标准矩形花键如何进行标注？

19. 花键连接的主要失效形式是什么？

项目六 滚动轴承的装配

一、滚动轴承

滚动轴承是将运转的轴与轴座之间的滑动摩擦变为滚动摩擦,从而减少摩擦损失的一种精密的机械元件。滚动轴承通常由外圈、内圈、滚动体和保持架等四部分组成。内圈的外面和外圈的里面都有供滚动体滚动的滚道。内圈是和轴颈配合,外圈和轴承座或机座配合。通常是内圈随轴颈旋转,外圈不转(如机床主轴),也可以是外圈旋转而内圈不转(如车轮)。保持架是为了减少滚动体之间的摩擦,起隔开分离的作用。滚动轴承具有摩擦阻力小、效率高、轴向尺寸小、装拆方便等优点,是机器中的重要元件之一。

滚动体的形状有球形、短圆柱滚子、滚针、圆锥滚子和球面滚子等,如图6-1、表6-1所示。

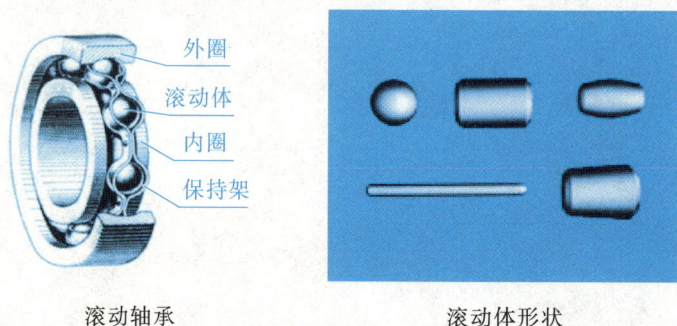

滚动轴承　　　　　　　　　　　　滚动体形状

图6-1 滚动轴承

表6-1 常见滚动轴承的类型

轴承名称	深沟球轴承	圆锥滚子轴承
结构图		

轴承名称	推力球轴承	双列角接触球轴承
结构图		

滚动轴承属标准件,其内孔和外径出厂时均已确定。因此轴承的内径与轴的配合应为基孔制,外径与轴承座孔的配合应为基轴制。

轴承代号分为前置代号、基本代号、后置代号。前置代号,见表6-2。

表6-2 前置代号

	代号	含义
前置代号	L	可分离轴承的可分离内圈或外圈
	R	不带可分离内圈或外圈的轴承(滚针轴承仅适用ＮＡ型)
	WS	推力圆柱滚子轴承轴圈
	GS	推力圆柱滚子轴承座圈
	KOW-	无轴圈推力轴承
	KIW-	无座圈推力轴承
	LR	带可分离内圈或外圈与滚动体组件轴承
	K	滚子和保持架组件

轴承基本代号有类型代号、尺寸系列代号、内径代号等。

类型代号:表示轴承的种类。

尺寸系列代号:由轴承的宽(高)度系列代号和直径系列代号组合而成。

轴承的直径系列(即结构相同、内径相同的轴承在外径和宽度的变化系列)用基本代号右起第三位数字表示。0,1——特轻系列;2——轻系列;3——中系列;4——重系列。

轴承的宽(高)度系列(即结构、内径和直径系列都相同的轴承在宽度方面的变化系列)用基本代号的右起第四位数字表示。滚动轴承内径代号,见表6-3。

表6-3 滚动轴承内径代号

内径尺寸/mm	代号表示		举 例	
	第二位	第一位	代号	内径/mm
10 12 15 17	0	0 1 2 3	深沟球轴承6200	10
20—495(5的倍数) 22,28,32除外	内径/5的商		调心滚子轴承 23208	40
22,28,32及500以上	/内径		调心滚子轴承 230/500 深沟球轴承62/22	500 22

不规则轴承内径,见表6-4。

表6-4 不规则轴承内径

轴承代号	轴承内径	轴承代号	轴承内径
6200	10mm	6202	15mm
6201	12mm	6203	17mm

滚动轴承的后置代号,见表6-5。

表6-5 滚动轴承的后置代号

代 号	含 义	示 例
K	圆锥孔轴承 锥度1:12	1210K
K30	圆锥孔轴承 锥度1:30	24122
R	轴承外圈有制动挡边	30307R
N	轴承外圈有制动槽	6210N
NR	轴承外圈上有制动槽,并带有制动环	6210NR
-RS	轴承一边有橡胶密封圈(接触)	62102RS 638-RZ
-2RS	轴承两边有橡胶密封圈(接触)	
-RZ	轴承一边有橡胶密封圈(非接触)	
-2RZ	轴承两边有橡胶密封圈(非接触)	
-Z	轴承一边有防尘盖	6210-Z
-2Z		
CA	可任意配对安装的角接触球轴承,面对面或背靠背 配置时轴向内部游隙与正常值比较:小(CA),中等 (CB),较大(CC)	7328BCB
CB		
CC		

续表

代 号	含 义	示 例
GA	可任意配对安装的角接触球轴承,面对面或背对背配置时预紧与正常值比较:较小(GA),中等(GB),较大(GC)	7206BGB
GB		
GC		
/P0	公差等级符合标准规定的0级,代号中省略不表示	6203
/P5	公差等级符合标准规定的5级	6203/P5
/P6	公差等级符合标准规定的6级	23112/P62
/P62	公差等级符合标准规定的6级,径向游隙为C2	
/C1	轴承游隙,C1D<C2<正常<C3<C4<C5	NNK3006K/C4
/C2		
一正常		
/C3		
/C4		
/C5		
/DB	成对背对背(DB),成对面对面(DF)成对串联安装(DT)	7210C/DB
/DF		32208/DF
/DT		7210C/DT

二、滚动轴承的间隙调整和预紧

将轴承的一个套圈(内圈或外圈)固定,另一个套圈沿径向或轴向的最大活动量便是间隙。滚动轴承间隙分径向间隙和轴向间隙两类。径向的最大活动量称径向间隙,轴向的最大活动量称轴向间隙。两类间隙之间存在正比关系:一般来说,径向间隙越大,则轴向间隙也越大;反之,径向间隙越小,轴向间隙也越小。轴承的间隙,如图6-2所示。

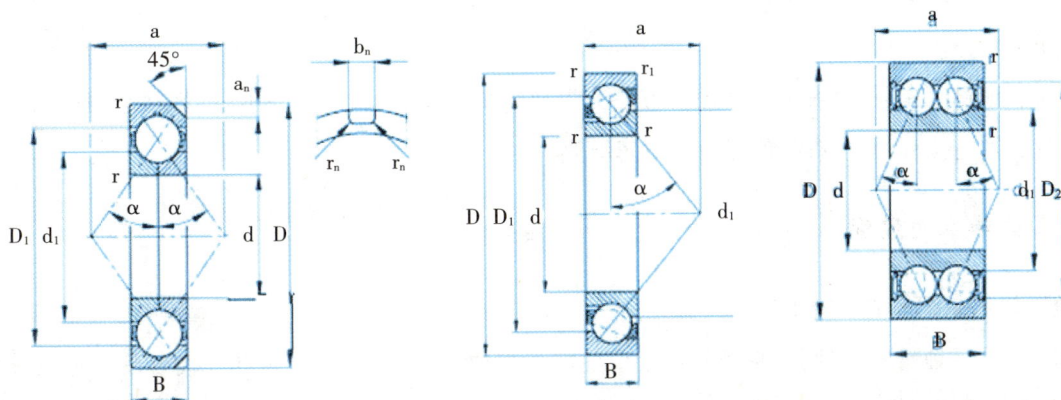

图6-2 轴承的间隙

1. 轴承的径向间隙

轴承径向间隙的大小,一般作为轴承旋转精度高低的一项重要指标。

由于轴承所处的状态不同,径向间隙分为原始间隙、配合间隙和工作间隙。原始间隙是轴承在未安装前自由状态下的间隙。配合间隙是轴承装配到轴上和轴承座内的间隙,其间隙大小由过盈量决定。工作间隙是轴承在工作时,因为外圈的温度差使配合间隙减小,又因工作负荷的作用,使滚动体与套圈产生弹性变形而使间隙增大,但工作间隙一般大于配合间隙。

2. 轴承的轴向间隙

由于有些轴承结构上的特点或为了提高轴承的旋转精度,减小或消除其径向间隙。所以有些轴承的间隙必须在装配或使用过程中,通过调整轴承内外圈的相对位置来确定。

(1)滚动轴承的预紧。滚动轴承的间隙通过轴承预紧过程来实现。在装配角接触球轴承或深沟球轴承时,如给轴承内圈或外圈以一定的轴向预负荷,这时内外圈将发生相对位移,位移量可用百分表测出。结果消除了内外圈与滚动体的间隙,并产生了初始接触的弹性变形,这种方法就是预紧的原理。预紧后的轴承便于控制正确的间隙,从而提高轴的旋转精度。滚动轴承的预紧,如图6-3所示。

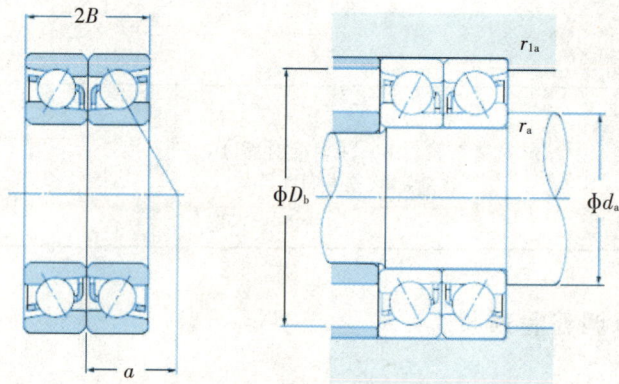

图6-3 滚动轴承的预紧

(2)滚动轴承间隙的调整。轴承间隙过大,将使同时承受负荷的滚动体减少,轴承寿命降低。同时,还将降低轴承的旋转精度,引起震动和噪声,负荷有冲击时,这种影响尤为显著;轴承间隙过小,则易发热和磨损,这也会降低轴承的寿命。因此,按工作状态选择适当的间隙,是保证轴承正常工作、延长使用寿命的重要措施之一。

轴承在装配过程中,控制和调整间隙的方法为先使轴承实现预紧,间隙为零,再将轴承的内圈或外圈做适当的相对的轴向位移,其位移数值即为轴向间隙值。

三、滚动轴承的装配

1. 滚动轴承装配前的准备工作

滚动轴承是一种精密元件,认真做好装配前的准备工作,对保证装配质量和提高装配效率是十分重要的。轴承装配前的检查与防护措施如下:

①按图样要求检查与滚动轴承相配的零件,并用汽油或煤油清洗,仔细擦净,然后涂上一层薄薄的油。

②检查密封件并更换损坏的密封件,对于橡胶封圈则每次拆卸时都必须更换。

③在滚动轴承装配操作开始前,才能将新的滚动轴承从包装盒中取出,必须尽可能地使它们不受灰尘污染。

④检查滚动轴承型号与图样是否一致,并清洗。

⑤装配环境中不得有金属微粒、锯屑、沙子等。最好在无尘室中装配滚动轴承。

2. 滚动轴承的清洗

滚动轴承常用的清洗方法有以下两种:

①常温清洗,即在常温下用汽油、煤油等油性溶剂清洗滚动轴承。

②加热清洗,是将闪点至少为250℃的轻质矿物油加热到120℃,把滚动轴承浸入油内,待防锈油脂溶化后即从油中取出,冷却后再用汽油或煤油清洗,擦净后涂油待用。

3. 滚动轴承的保护方法

滚动轴承在自然时效保护方法有:

①用防油纸或塑料薄膜将机器完全罩住是最佳的保护措施。

②由纸板、薄金属片或塑料制成的圆板可以有效地保护滚动轴承。

③对于整体式的壳体,最佳的保护方法是用一外螺栓穿过圆板中间,将圆板固定在壳体孔两端。

4. 圆柱孔滚动轴承的装配方法

滚动轴承的装配方式有四种:直接装在圆锥轴颈上和直接装在圆锥轴颈上,如图6-4所示,装在紧定套上和装在退卸套上,如图6-5所示。

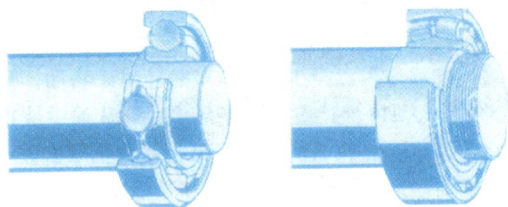

图6-4　直接装在圆锥轴上和直接装在圆锥轴颈上

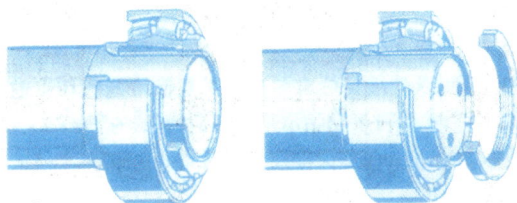

图6-5　装在紧定套上和装在退卸套上

5. 滚动轴承的尺寸

滚动轴承一般分为大型轴承、中等轴承和小轴承三类。

①小轴承:指孔径小于80mm的滚动轴承。

②中等轴承:指孔径大于80mm、小于200mm的滚动轴承。

③大型轴承:指孔径大于200mm的滚动轴承。

6.滚动轴承的装配方法

滚动轴承通常有四种装配方法:机械装配法、液压装配法、压油法、温差法。

(1)滚动轴承装配的基本原则:

①装配滚动轴承时,不得直接敲击滚动轴承内外圈、保持架和滚动体。

②装配的压力应直接加在待配合的套圈端面上,绝不能通过滚动体传递压力(如图6-6)。

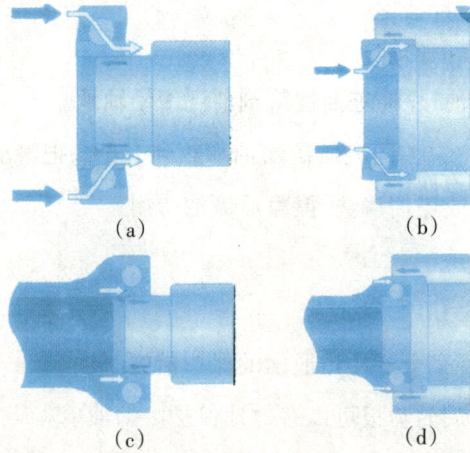

图6-6 滚动轴承的装配压力与套圈的关系

(2)座圈的安装顺序如下:

①不可分离型滚动轴承:这种轴承应按座圈配合松紧程度决定其安装的顺序。

当内圈与轴颈配合较紧的过盈配合,外圈与壳体为较松的过渡配合时,先将滚动轴承装在轴上,然后连同轴一起装入壳体中,如图6-7(a)所示;当滚动轴承外圈与壳体为过盈配合时,就先将滚动轴承压入壳体中,如图6-7(b)所示;当滚动轴承内圈与轴、外圈与壳体孔都是过盈配合时,应把滚动轴承同时压在轴上和壳体孔中,如图6-7(c)所示。

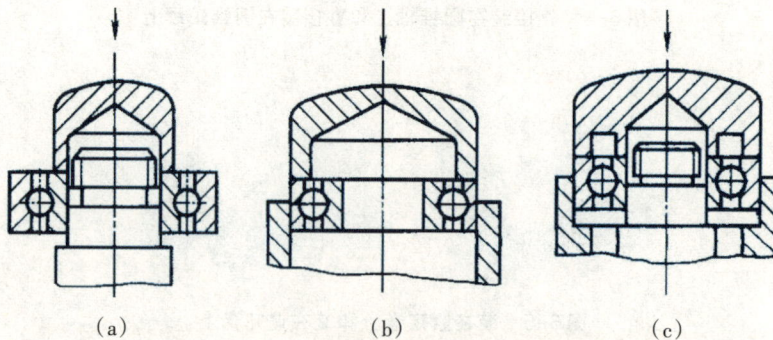

图6-7 滚动轴承套圈的装配顺序

②分离型滚动轴承:装配时内圈和滚动体一起装在轴上,外圈装在壳体孔内,然后再调整它们的游隙。

(3)滚动轴承套圈的压入方法:

①套筒压入法:如图6-8所示,仅适用于装配小型滚动轴承。

②压力机械压入法:如图6-9所示,仅适用于装配中等滚动轴承。

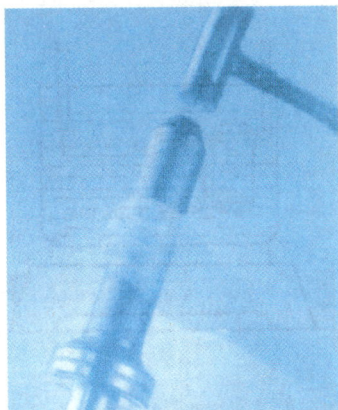

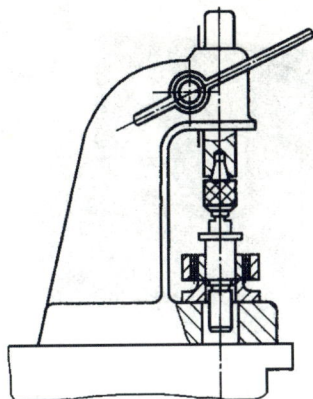

图6-8　套筒压入　　　　图6-9　杠杆齿条式压力机压入滚动轴承

　　温差法装配:一般适用于大型滚动轴承。用此方法时应注意:加热温度不得超过125℃;不得利用明火对滚动轴承进行加热(如图6-10);安装时应戴干净的专用防护手套搬运滚动轴承(如图6-11);将轴承装至轴上与轴肩可靠接触,并始终按压轴承直至滚动轴承与轴颈紧密配合,以防止滚动轴承冷却时套圈与轴肩分离。

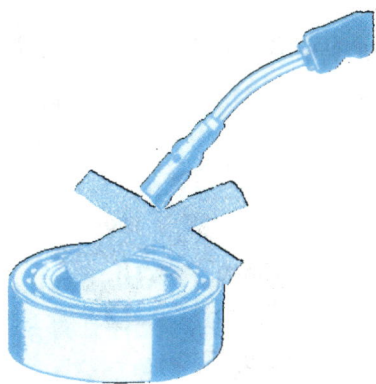

图6-10　不允许在明火中加热　　　　图6-11　热套法装配滚动轴承

　　根据装配滚动轴承的类型,有四种不同的加热方法:感应加热器、电加热盘(如图6-12),加热箱、油浴(如图6-13)。

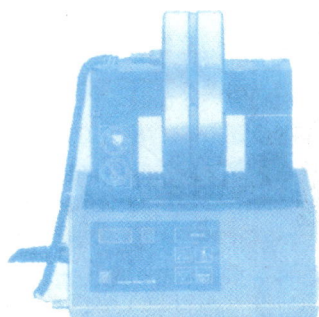

图6-12　感应加热器和电加热盘

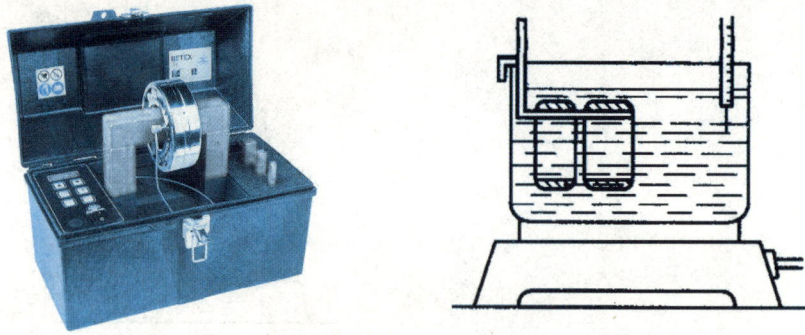

图6-13　加热箱和油浴

四、圆柱孔滚动轴承的拆卸方法

拆卸方法与其结构有关。对于拆卸后还要重复使用的滚动轴承,拆卸时不能损坏轴承的配合表面,不能将拆卸的作用力加在滚动体上,要将力作用在紧配合的套圈上,并在拆卸时对滚动轴承的位置和方向做好标记。

1. 机械拆卸法

此法适用于具有紧(过盈)配合的小滚动轴承和中等滚动轴承的拆卸,拆卸工具为拉出器,也称拉马。

①轴上滚动轴承的拆卸方法是拉马作用于滚动轴承内圈和通过旋转拉马进行拆卸,如图6-14所示。

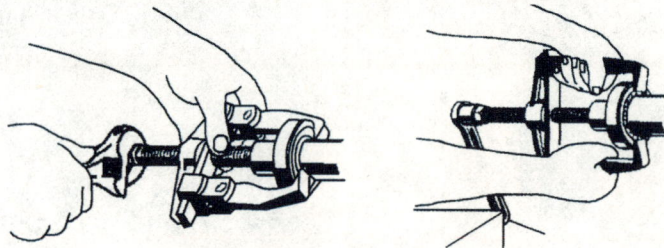

图6-14　轴上滚动轴承的拆卸方法

②孔中滚动轴承的拆卸方法,如图6-15所示。

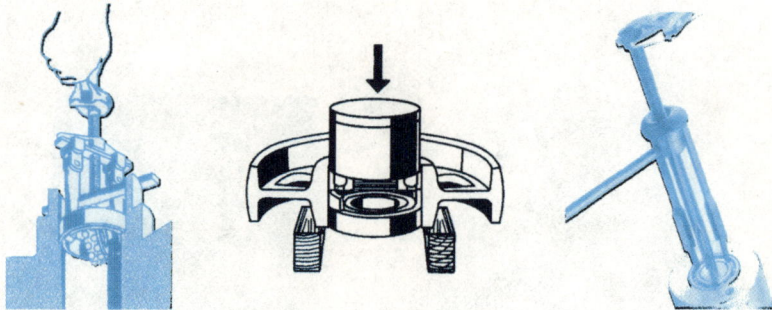

壳体中调心滚动轴承的拆卸　　使用套筒拆卸滚动轴承　　使用专门的轴承拉拔器拆卸

图6-15　孔中滚动轴承的拆卸方法

2. 液压法

液压法适用于具有配合的中等滚动轴承的拆卸。拆卸这类滚动轴承需要相当大的力。常用的拆卸工具为液压拉马,如图6-16所示。

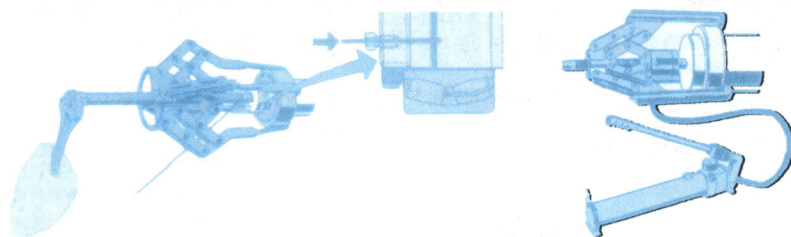

图6-16　用压油法拆卸滚动轴承

3. 温差法(如图6-17)

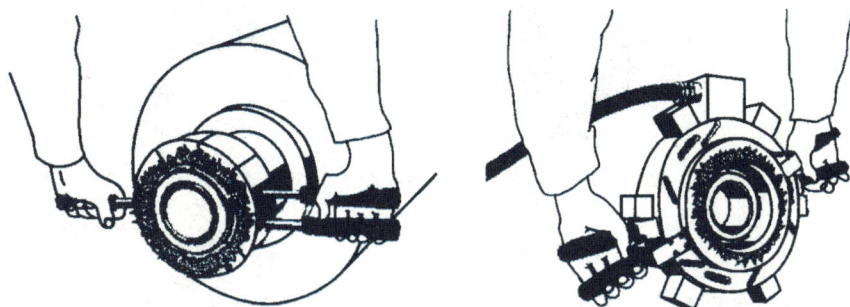

图6-17　用铝环拆卸圆柱滚子轴承和用感应加热器拆卸圆柱滚子轴承

五、圆锥孔滚动轴承的装配方法

1. 机械装配法

①用手锤与冲击套筒装配,如图6-18所示。

②用螺母和扳手装配:用螺母和扳手配合装配轴承,以及用锁紧螺母与冲击扳手装配轴承,如图6-19所示。

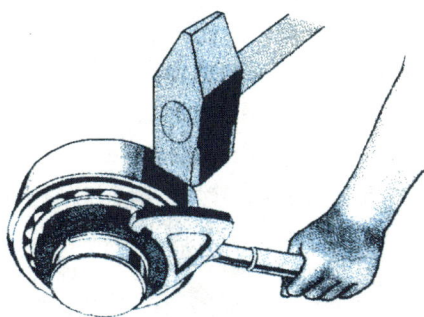

图6-18　用手锤与冲击套筒装配轴承

图6-19　用螺母和扳手装配轴承

2. 液压法

对于大于50mm的孔径内安装滚动轴承时,可采用液压螺母进行装配。装配时,应按如下步骤操作(如图6-20)。

①将液压螺母旋于轴上并将其活塞朝向滚动轴承,然后用手旋紧螺母。

②连接油管时,将油压进液压螺母,直至轴承到达规定的装配位置。

③打开回油阀,拧紧螺母,这样活塞就被推回到起始位置,而油也流回了泵内。

④卸下液压螺母,装上止动垫圈和锁紧螺母。

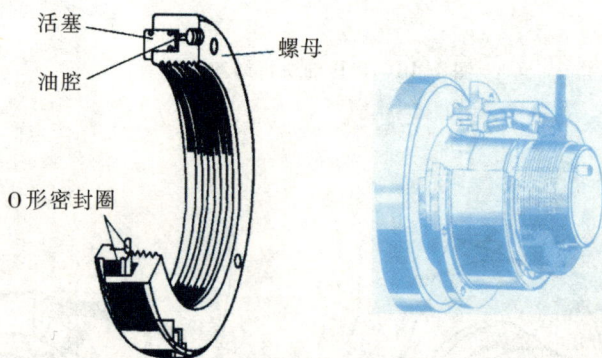

图6-20　液压螺母和用液压螺母装配滚动轴承

3. 压油法

此法适用于中等和大型滚动轴承的装配,如图6-21所示。应用此法时应注意,即轴必须有输油的通道,这种通道一般在维修时加工。

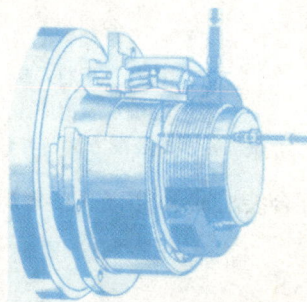

图6-21　用压油法装配滚动轴承

4. 温差法

由于某种原因不能使用压油法或液压螺母,则可选用温差法加热滚动轴承,常用的有感应加热器、加热箱或油浴等。在装配中最为重要的是滚动轴承与轴颈相对位移的测量和控制。以轴肩定位的滚动轴承装配常用的有以下几种方法:

①将滚动轴承装至轴上直至与轴颈接触良好,测量滚动轴承内圈与轴肩之间的距离S,如图6-22(a)所示。

②查表确定滚动轴承轴向位移的减小量。

③将测得的距离S减去查表确定的轴向位移减小量,得到定位环的轴向尺寸;并据此加工出定位环,如

图 6-22(b)所示。

（a）　　　　　　　　　　　　　　　（b）

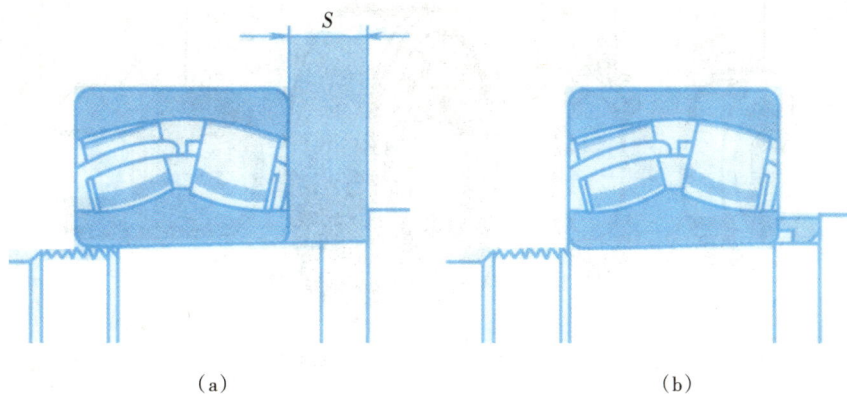

图 6-22　以轴肩定位的滚动轴承装配

④将定位环靠紧轴肩安装。

⑤将滚动轴承加热，并将其压至定位环，直至滚动轴承冷却并与轴配合紧密。

⑥用锁紧螺母固定滚动轴承。

⑦当滚动轴承冷却下来时，检查滚动轴承径向游隙。

六、无轴肩定位的轴承装配

装配方法与有轴肩定位的装配程序相同，但测量所用基准面不是轴肩而是一个参考平面，如图 6-23 轴的端面，通过滚动轴承装配时长度 S 的增加或减小来获得所需的"装配距离"。

当滚动轴承位置达到要求时，保持滚动轴承的位置直至与轴紧密配合，再装上锁紧螺母，当滚动轴承冷却后，再检查其游隙大小，如图 6-23 所示。

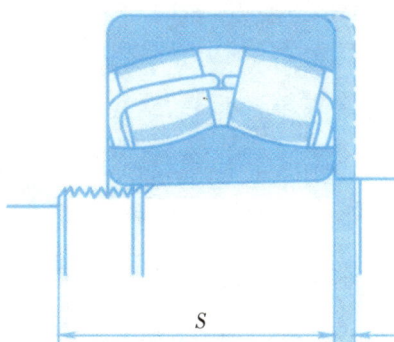

图 6-23　无轴肩定位的滚动轴承的装配

装在紧定套上的滚动轴承的装配，调心球轴承和调心滚子轴承通常安装在紧定套或退卸套上，从而简化了滚动轴承的装配与拆卸，如图 6-24 所示。

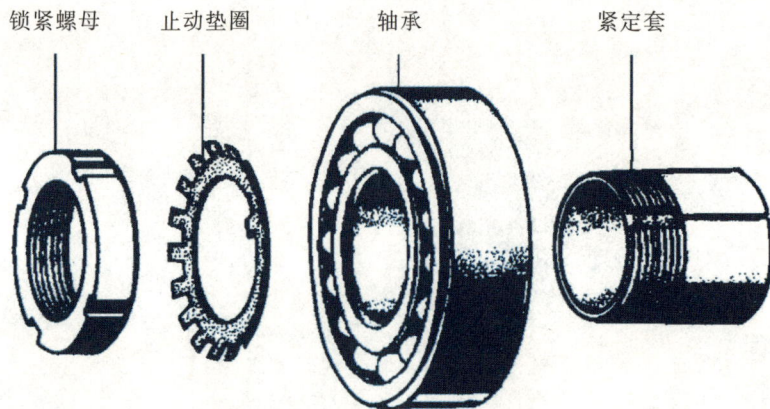

图6-24 带紧定套的滚动轴承零件

锁紧螺母 止动垫圈 轴承 紧定套

七、带紧定套的调心球轴承的装配

安装在紧定套上调心球轴承的简易装配方法是控制螺母紧固时的拧紧角度。控制拧紧角度的办法:一是使用钩头扳手,其拧紧角度可以查轴承手册确定;二是使用公司的专用工具。其操作步骤如下:

(1)将紧定套和轴承孔表面擦净,并在紧定套表面涂上一层薄薄的矿物油。

(2)用二硫化钼膏或类似润滑剂涂抹在螺纹和与调心球轴承接触的螺母侧面上。

(3)用手旋转螺母,直到与其锥面接触。注意不得使用操纵杆进行操作,如图6-25(a)所示。

(4)在轴上做个标记,与扳手上橙色标记的起点相对应,如图6-25(b)所示。

(5)用操纵杆拧紧螺母,直至轴上的标记与扳手上橙色标记的末端相对应,如图6-25(c)所示。

(6)最后,用锁紧螺母锁紧,要注意拧紧螺母时紧定套不能转动。

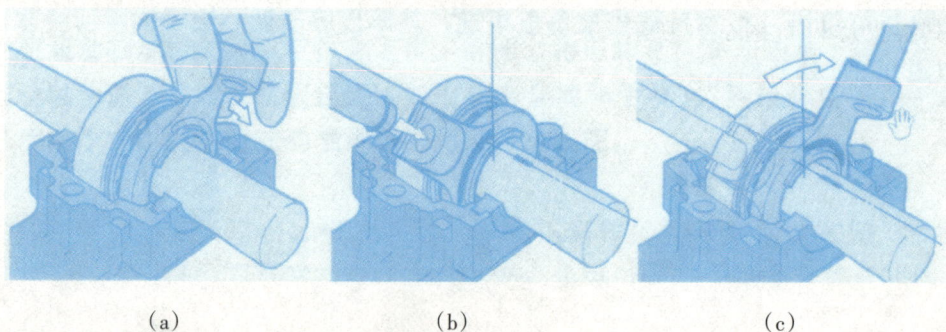

(a) (b) (c)

图6-25 用控制角度的方法装配轴承

另一个锥孔调心球轴承正确装配的方法是测量调心球轴承内圈在锥形轴颈上的轴向位移。用这种方法操作时,首先将轴承装在轴上,直至轴承孔与轴颈或紧定套接触,然后才开始进行上紧操作程序。

带紧定套的调心滚子轴承的装配方法如下:

(1)轴向游隙的检查:将调心球轴承放在干净的工作平面上,用一个略薄于游隙最小值的塞尺进行检查,且边旋转内圈边检查。

(2)径向游隙的测量:用塞尺插在最上部滚子旁边的滚子上面,检查调心球轴承的原始游隙,如图6-26所示。检查时,一边旋转调心轴承,一边用较厚的塞尺在相同的位置进行检查,直至在拉出塞尺时感到轻微的阻力为止,此时塞尺厚度即为原始间隙,如图6-26所示。

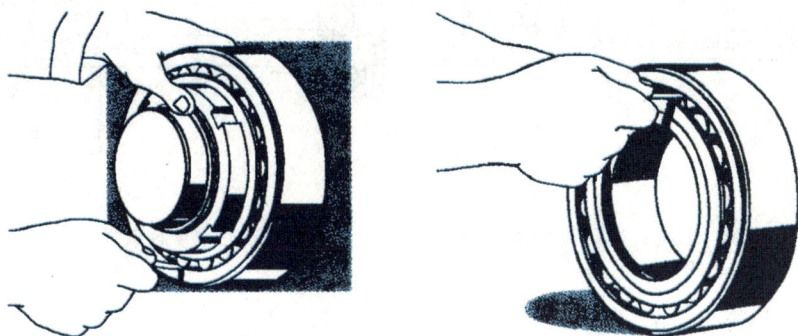

图6-26　装配前和装配时调心滚子轴承径向游隙的测量

(3)将调心球轴承压装至轴上,在其压入过程中用塞尺在轴承最低滚动体下面测量其径向游隙的减小量,如图6-26所示。此值可在滚动轴承的相应表中查出。

装配前,除了前述测量间隙减小量外,还可以控制轴承内圈的轴向位移进行调心滚子轴承的装配。

装配时,可利用前述螺母和扳手或液压螺母的方法来装配。当调心滚子轴承是以一定位套筒定位时,可用两个垫板来简化装配。该垫板可由一组塞尺或校准垫板组成,其厚度等于轴承所要求的轴向位移,如图6-27(a)所示。

将紧定套放在定位套筒下面,将垫板压在定位套筒的端面上,并将调心滚子轴承压至轴上直至与垫板接触,拧紧螺母,但必须当心垫板会掉出,如图6-27(b)所示。移开垫板并用冲击扳手拧紧螺母,将调心滚子轴承压至与定位套筒接触,然后拆下螺母,装上止动垫圈,再装上螺母拧紧并锁定。

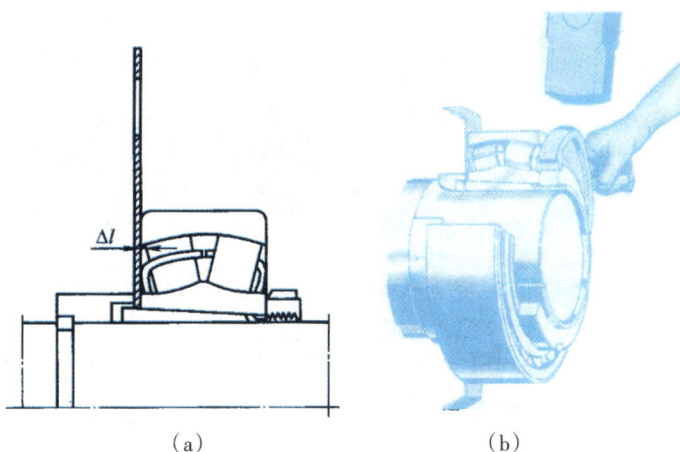

(a)　　　　　　　　　　(b)

图6-27　用垫板装配锥孔调心滚子轴承

另一种方法是利用温差法装配锥孔调心滚子轴承。采用温差法装配,必须通过螺母的前端面来测量调心滚子轴承的轴向位移,装配时首先将轴承安装在紧定套上,并拧紧螺母,确保轴承、紧定套和轴之间接触良好,然后测量紧定套小端与螺母之间的轴向距离,如图6-28(a)所示。

然后加热轴承并将其安装在紧定套上,拧紧螺母并测量螺母端面与紧定套小端之间的距离,从而控制调心滚子轴承的轴向位移,如图6-28(b)所示。等调心滚子轴承冷却后,检查调心滚子轴承的游隙。

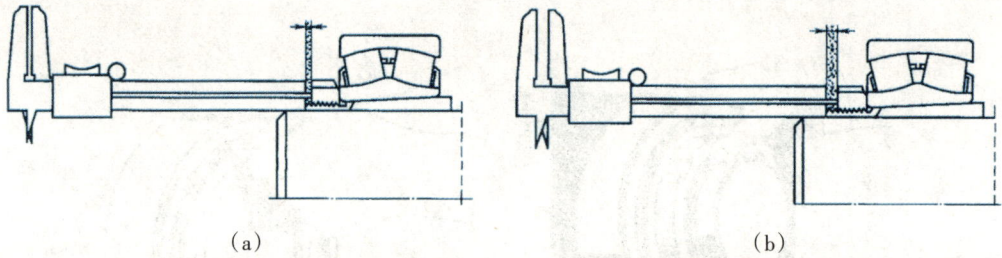

（a）　　　　　　　　　　　　（b）

图6-28　用控制轴向位移的方法装配锥孔调心滚子轴承

八、装在退卸套上的滚动轴承的装配

1. 机械法装配（如图6-29）

图6-29　安全套筒的使用、用螺母与扳手装配滚动轴承、轴端挡圈的使用

2. 采用液压螺母或压油法（如图6-30）

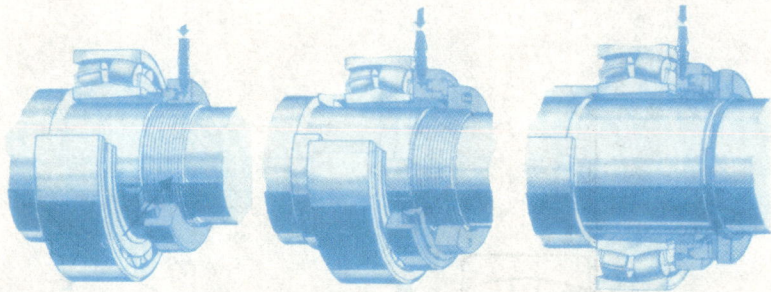

图6-30　用液压螺母装配退卸套的几种方法

当退卸套位于轴端时，可借助轴端挡圈和螺钉将退卸套压至滚动轴承内，如图6-31所示。

装配退卸套的最好办法是将压油法和液压螺母组合起来，但轴上必须有用于液压螺母活塞施力的结构。如轴上有螺纹，就可使用锁紧螺母，否则就要用组合支承环和一个挡圈，如图6-31所示。

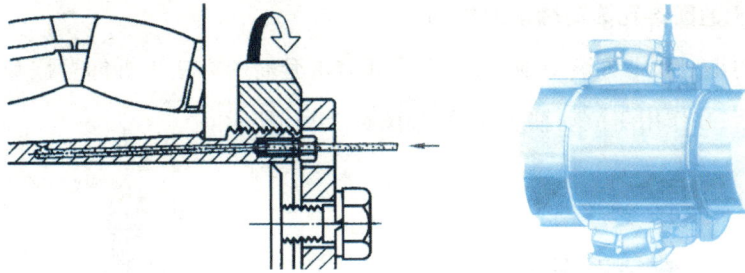

图 6-31　压油法装配退卸套和组合支撑环的应用

3. 温差法

对于装配在退卸套上的滚动轴承,则必须使用厚度等于轴向位移值的垫板或校准环。首先将退卸套压至滚动轴承下,直至两者接触良好。旋转锁紧螺母,并在螺母与退卸套间留出和装配轴向位移一样大的间隙,如图6-32(a)所示。然后固定锁紧螺母或在退卸套和螺母的前端面上做标记,如图6-32(b)所示,再对轴承进行加热,当轴承达到装配温度时,将退卸套及其螺母一起压进轴承内,直至螺母和轴承相互接触为止。但须注意:退卸套必须固定在要求位置,直至滚动轴承冷却为止。

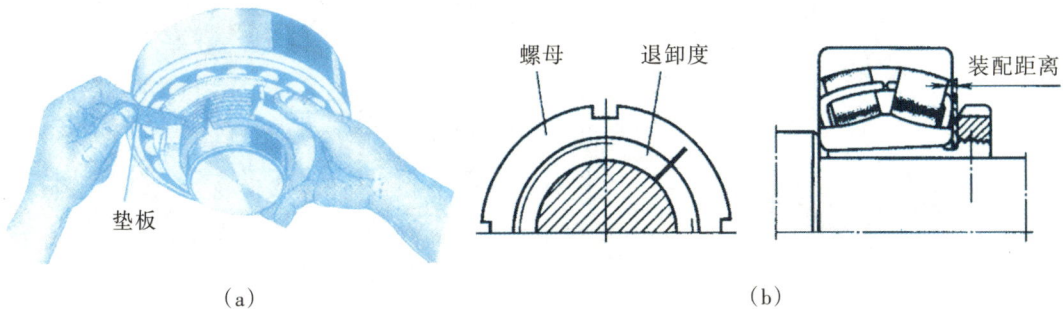

垫板　　　　　　（a）　　　　　螺母　退卸度　　　　装配距离　　（b）

图 6-32　温差法装配滚动轴承

九、圆锥孔滚动轴承的拆卸方法

1. 装配在圆锥轴颈上的圆锥孔滚动轴承的拆卸

小滚动轴承可以用滚动轴承拉出器(拉马)拆卸。中等滚动轴承最好采用自定心液压拉马,如图6-33所示。中等和大型滚动轴承在拆卸时采用压油法。应注意的是,采用油压法拆卸圆锥滚动轴承时,在油膜产生前,将锁紧螺母旋松一定距离或在轴上放置一个阻挡零件,以防轴承飞出轴外,如图6-34所示。

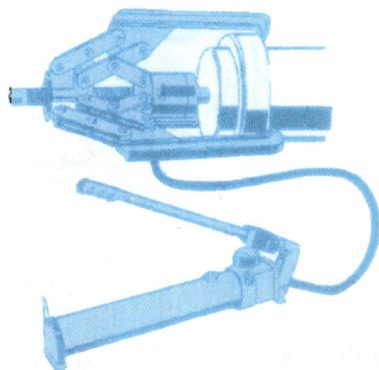

图 6-33　液压拉马

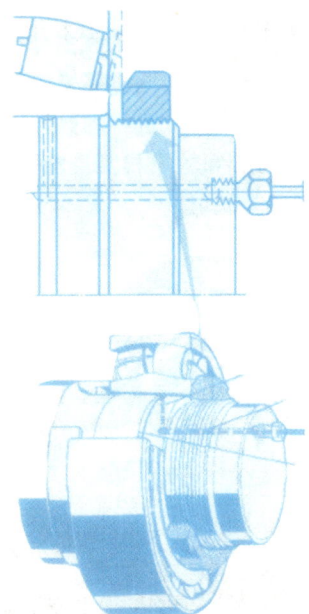

图 6-34　用压油法拆卸滚动轴承

2. 装配在紧定套上的圆锥孔滚动轴承的拆卸

装配在紧定套上的小型和中等滚动轴承,可用手锤敲击套筒的方法来拆卸。该套筒须直接作用于锁紧螺母,如图6-35(a)所示;或作用于滚动轴承内圈,如图6-35(b)所示。

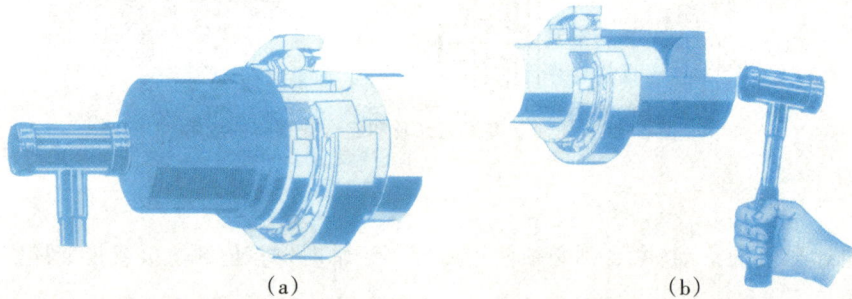

（a）　　　　　　　　　　（b）

图6-35　冲击套筒作用于锁紧螺母拆卸滚动轴承

如果不能用手锤和冲击套筒拆卸滚动轴承,必须使用特殊工具,如图6-36。

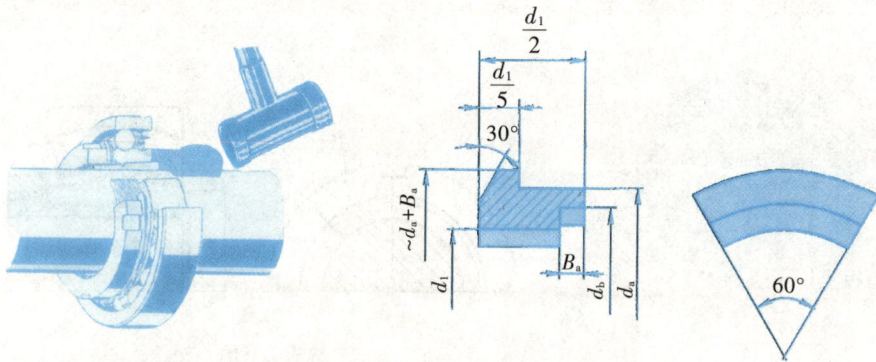

图6-36　用专用工具拆卸滚动轴承

若使用液压螺母拆卸装配在紧定套上的滚动轴承时,滚动轴承必须以轴环定位,但该轴环内必须有一容纳紧定套的空间,其长度要比装配距离大,以便于拆卸操作,如图6-37所示。

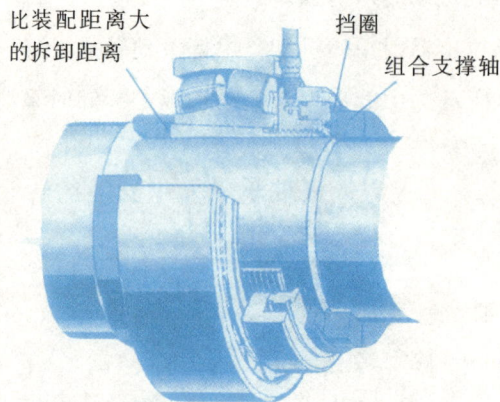

图6-37　用液压螺母拆卸滚动轴承

另外,还要在轴上安装适于液压螺母活动活塞施力的元件,这种元件包括一个安装在轴沟槽中的组合支承环和一个保持组合支承环位置的挡圈,也可以是一个用螺钉固定在轴端上的轴端挡板。

液压螺母的使用比较简单。将液压螺母装在轴上,并在螺母和滚动轴承之间留一个小间隙。然后将油压进螺母直至滚动轴承与紧定套之间松脱开来。

对装配在退卸套上的圆锥孔滚动轴承的拆卸,为了防止退卸套在配合面之间摩擦力很小时滑离轴承,一般采用一个螺母或锁紧挡板进行固定。

装配在退卸套上的小型或中等轴承,可用一个锁紧螺母和钩头扳手或冲击扳手进行拆卸。如退卸套超过了轴端,则可用一个与退卸套孔径大致相等的圆板装在退卸套孔中,以免变形,如图6-38(a)所示。

大型滚动轴承最好采用液压螺母拆卸,液压螺母旋入退卸套上的螺纹并使其活塞紧靠轴承,然后将油压入螺母,就可将退卸套从滚动轴承中拉出,如图6-38(b)所示。

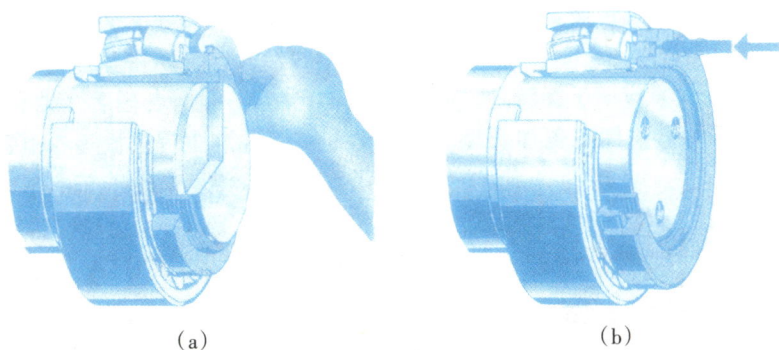

(a) (b)

图6-38　用钩头扳手拆卸滚动轴承和用液压螺母拆卸滚动轴承

用于大型滚动轴承装配的退卸套通常加工有油槽和两个油道。在用压油法拆卸时,油通过一个油路注入退卸套和轴之间,并通过另一个油路注入退卸套和滚动轴承之间。因此,只需较小的力就可拆卸滚动轴承。除此,压油法和液压螺母还可以一起组合使用,以拆卸大型滚动轴承,如图6-39所示。

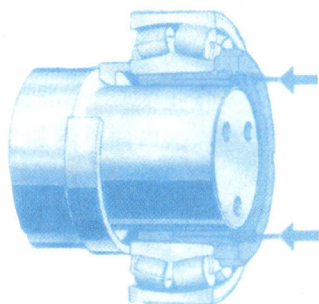

图6-39　用压油法拆卸滚动轴承

思考与练习

一、填空题

1. 滚动轴承通常由＿＿＿＿＿＿＿＿、＿＿＿＿＿＿＿＿、＿＿＿＿＿＿＿＿和＿＿＿＿＿＿＿＿组成。

2. 滚动体的形状有＿＿＿＿＿＿＿＿、＿＿＿＿＿＿＿＿、＿＿＿＿＿＿＿＿、＿＿＿＿＿＿＿＿和＿＿＿＿＿＿＿＿等。

3. 滚动轴承_____与_____、_____与_____的配合,一般多选用_____配合。

4. 滑动轴承按照结构形式不同可分为_____和_____。

5. 机器密封分为_____和_____。

6. 机器的基本组成,都可以分为_____、_____和_____。

7. 按照运动形式的不同,铰链四杆机构可分为三种基本形式:_____、_____和_____。

8. 缝纫机结构属于_____机构。

9. 起重机结构属于_____机构。

10. 电风扇的摇头机构属于_____机构。

11. 货车的液压机构属于_____机构。

12. 棘轮机构主要由_____、_____和_____组成。

13. 槽轮机构由_____、_____和_____组成。

14. 槽轮机构主要分_____和_____。

15. 不完全齿轮机构是由普通齿轮机构转化而成的一种_____机构。

16. 常见的联轴器有_____、_____和_____。

17. 在机械传动中,装配时,它的主要技术要求是_____。

18. 根据联轴器的分类,万向联轴器属于_____联轴器,套筒联轴器属于_____联轴器。

二、选择题

1. 对低速、刚性大的短轴,常选用的联轴器为( )。
A. 刚性固定式联轴器　　　　　　B. 刚性可移式联轴器
C. 弹性联轴器_　　　　　　　　　D. 安全联轴器

2. 当载荷有冲击、振动,且轴的转速较高、刚度较小时,一般选用( )。
A. 刚性固定式联轴器　　　　　　B. 刚性可移式联轴器
C. 弹性联轴器　　　　　　　　　D. 安全联轴器

3. 两轴的偏角位移达30°,这时宜采用( )联轴器。
A. 凸缘　　　B. 齿式　　　C. 弹性套柱销　　　D. 万向

4. 高速重载且不易对中处常用的联轴器是( )
A. 凸缘联轴器　　B. 十字滑块联轴器　　C. 齿轮联轴器　　D. 万向联轴器

5. 在下列联轴器中,能补偿两轴相对位移并可缓和冲击、吸收振动的是( )。
A. 凸缘联轴器　　　　　　　　　B. 齿式联轴器
C. 万向联轴器　　　　　　　　　D. 弹性套柱销联轴器

6. 十字滑块联轴器允许被连接的两轴有较大的( )偏移。
A. 径向　　　B. 轴向　　　C. 角　　　D. 综合

7. 当齿轮联轴器对两轴的( )偏移具有补偿能力。

A. 径向   B.轴向   C. 角   D. 综合

8. 两根被连接轴间存在较大的径向偏移,可采用(　　　)联轴器。

A. 凸缘   B. 套筒   C. 齿轮   D. 万向

9. 大型鼓风机与电动机之间常用的联轴器是(　　　)。

A. 凸缘联轴器   B. 齿式联轴器   C. 万向联轴器   D. 套筒联轴器

三、简答题

1. 滚动体的形状有哪些?

2. 简述轴承的预紧方法。

3. 滚动轴承装配前的准备工作有哪些?

4. 简述滚动轴承的装配方法。

5. 简述滚动轴承的装拆时的注意事项。

6. 简述滑动轴承的工作原理和工作特点。

7. 简述双曲柄机构的特点和使用场合。

8. 简述四杆机构的演化形式及各自的特点。

9. 简述不完全齿轮啮合的工作特点。

10. 简述棘轮机构的调试方法。

11. 滚动轴承装配前的检查与防护措施有哪些?

12. 滚动轴承的清洗方法有哪些? 简述其操作要点。

13. 简述滚动轴承装配的基本原则。

14. 用机械法拆卸滚动轴承时,如何确定滚动轴承的安装顺序?

15. 简述用液压螺母装配锥孔滚动轴承的操作要点。

16. 简述带紧定套的调心球轴承的装配技术。

项目七 传动机构的装配

传动装置是把动力装置的动力传递给工作机构等的中间设备。根据工作介质的不同,传动装置可分为四大类:机械传动、电力传动、气体传动和液体传动。

一、带传动机构的装配

带传动是利用张紧在带轮上的柔性带进行运动或动力传递的一种机械传动。根据传动原理的不同,有靠带与带轮间的摩擦力传动的摩擦型带传动,也有靠带与带轮上的齿相互啮合而传动的同步带传动。

(一)带传动的组成、类型、特点及其应用

1. 带传动(如图7-1)的组成

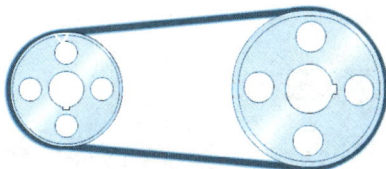

图7-1 带传动

带传动一般是由主动轮、从动轮、紧套在两轮上的传动带及机架组成。当原动机驱动主动带轮转动时,由于带与带轮之间摩擦力的作用,使从动带轮一起转动,从而实现运动和动力的传递。

2. 带传动的类型

(1)带传动按传动原理分为两种:摩擦带传动,即靠传动带与带轮间的摩擦力实现传动,如V带传动、平带传动等;啮合带传动,即靠带内侧凸齿与带轮外缘上的齿槽相啮合实现传动,如同步带传动,如图7-2所示。

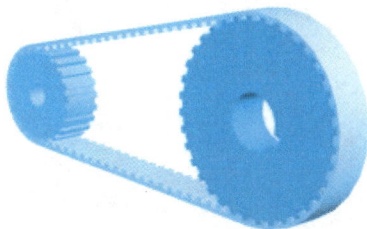

图7-2 啮合带传动

83

（2）带传动按传动带的截面形状分为如下几种。

①平带（如图7-3）：平带的截面形状为矩形，内外表面为工作面。结构简单、带轮易制造、传递功率小。

图7-3　平带

②V带（如图7-4）：截面形状为梯形，两侧面为工作表面。传递功率大（普通V带、窄V带）。常称三角带。

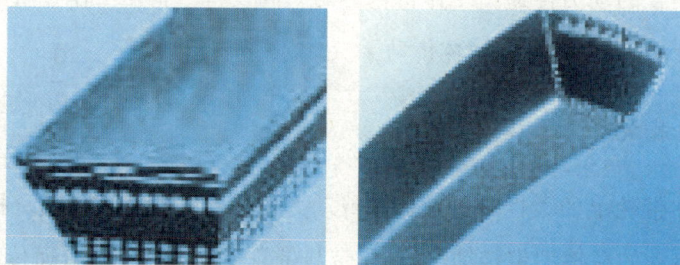

图7-4　V带

③多楔带（如图7-5、图7-6）：它是在平带基体上由多根V带组成的传动带。可传递很大的功率。工作面：侧面兼有平带弯曲应力小和V带摩擦力大等优点。多用于传递动力较大、结构紧凑的场合。

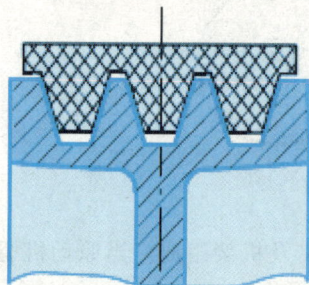

图7-5　多楔带　　　　图7-6　多楔带

④圆形带（如图7-7）：横截面为圆形。只用于小功率传动，牵引能力小，常用于仪器、家用器械、人力机械中，如缝纫机中圆形带的应用（如图7-8）。

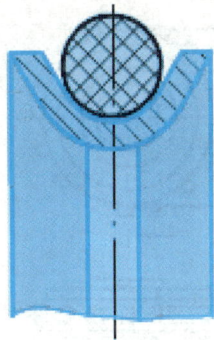
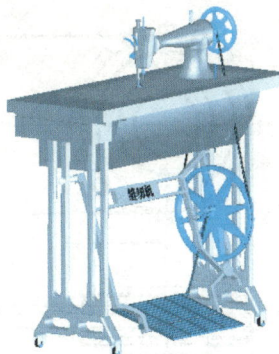

图7-7　圆形带　　　　　图7-8　缝纫机中圆形带的应用

⑤齿形带（同步带，如图7-9、图7-10、图7-11）：能够保证准确的传动比，传动比i≤12，适应带速范围广，同步齿形带的带速为40—50m/s，传递功率可达200KW，效率高达98%—99%。

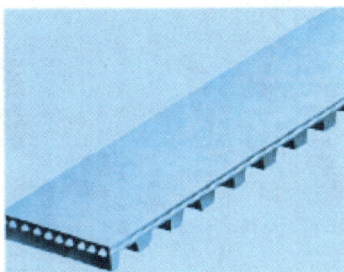
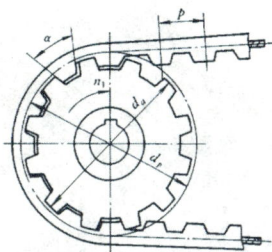

图7-9　同步带　　　　　图7-10　同步带

图7-11　同步带在轿车发动机上的运用

⑥齿孔带（如图7-12）：工作时，带上的孔与轮上的齿相互啮合，以传递运动。如放映机、打印机采用的是齿孔带传动，被输送的胶片和纸张就是齿孔带。

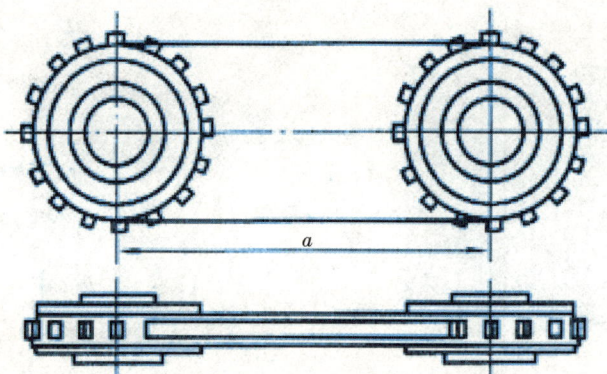

图7-12　齿孔带

3. 带传动按用途分类

①传动带——传递动力用,如图7-13所示;②输送带——输送物品用,如图7-14所示。

图7-13　传动带

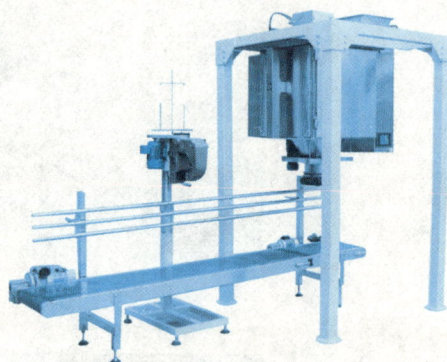

图7-14　输送带

4. 带传动的优缺点

带传动是具有中间挠性件的一种传动,所以它具有以下优点:①能缓和载荷冲击;②运行平稳,噪声小;③制造和安装精度不像啮合传动那样严格;④过载时将引起带在带轮上打滑,因而可防止其他零件的损坏;⑤可增加带长以适应中心距较大的工作条件。

和摩擦轮传动一样,带传动也有下列缺点:①有弹性滑动和打滑,使效率降低和不能保持准确的传动比(同步带传动是靠啮合传动的,所以可保证传动同步);②传递同样大的圆周力时,轮廓尺寸和轴上的压力都比啮合传动大;③带的寿命较短;④不适用于高温、易燃及有腐蚀介质的场合。

5. 带传动的应用

摩擦带传动适用于要求传动平稳、传动比要求不准确、中小功率的远距离传动,如图7-15所示。

拖拉机

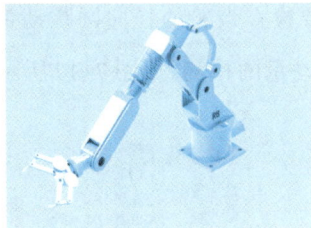
机器人关节

大理石切割机

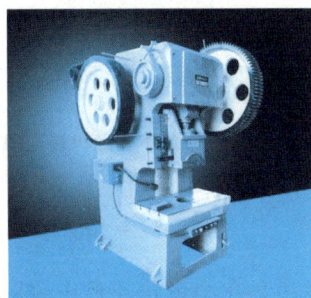
车身冲压机

图7-15　带传动的应用

（二）带传动的技术要求

1. 带轮的安装要正确：其径向圆跳动量和端面圆跳动量应控制在规定范围内。

2. 两带轮的中间平面应重合：其倾斜角和轴向偏移量不超过规定要求。一般倾斜角不应超过1°，否则带易脱落或加快带侧面磨损。

3. 带轮工作表面粗糙度要符合要求：一般为 Ra3.2μm，过于粗糙，工作时加剧带的磨损；过于光滑，加工经济性差，且带易打滑。

4. 带的张紧力要适当：张紧力过小，不能传递一定的功率；张紧力过大，带、轴和轴承都将迅速磨损。

（三）带轮装配

1. 带轮孔与轴为过渡配合，有少量过盈，同轴度较高，并且用紧固件做周向和轴向固定，方法如图7-16所示。

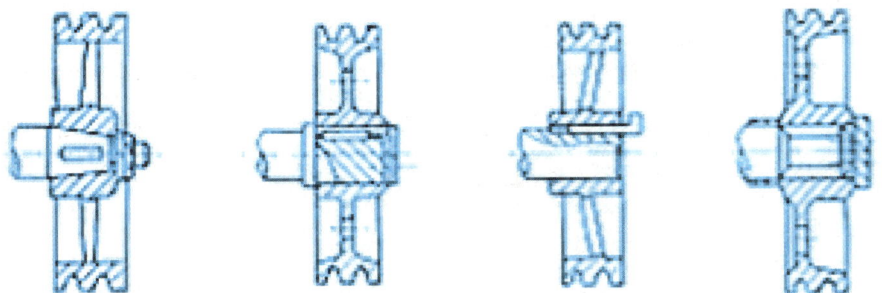

（a）圆锥形轴头连接　　（b）平键连接　　（c）楔键连接　　（d）花键连接

图7-16　紧固件做周向和轴向固定方法

带轮与轴装配后,要检查带轮的径向圆跳动量和端面跳动量,还要检查两带轮相对位置是否正确。带轮径向圆跳动和端面跳动量的检测,如图7-17所示。带轮相对位置的检测,如图7-18所示。

图7-17 带轮径向圆跳动量和端面跳动量的检测　　图7-18 带轮相对位置的检测

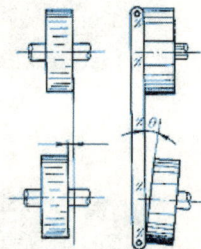

2. V型带的安装

安装V型带时,先将其套在小带轮轮槽中,然后套在大轮上,边转动大轮,边用一字旋具将带拨入带轮槽中。装好后的V型带在槽中的正确位置,如图7-19所示。

正确　　　　错误　　　　错误

图7-19 V型带的正确(错误)安装

(四)V型带安装与张紧力大小的控制

1. 张紧力的检查

带传动是摩擦传动,适当的张紧力是保证带传动正常工作的重要因素。

张紧力不足,带将在带轮上打滑,使带急剧磨损;张紧力过大,则会使带寿命降低,轴和轴承上作用力增大。

2. 张紧力的调整

传动带工作一定时间后,将发生塑性变形,使张紧力减小。为能正常地进行传动,在带传动机构中都有调整张紧力的装置,其原理是靠改变两带轮的中心距来调整张紧力。当两带轮的中心距不可改变时,可应用张紧轮张紧。张紧轮装置和利用自重张紧,如图7-20所示,采用定期改变中心距的方法来调节带的预紧力,使带重新张紧,如图7-21所示。

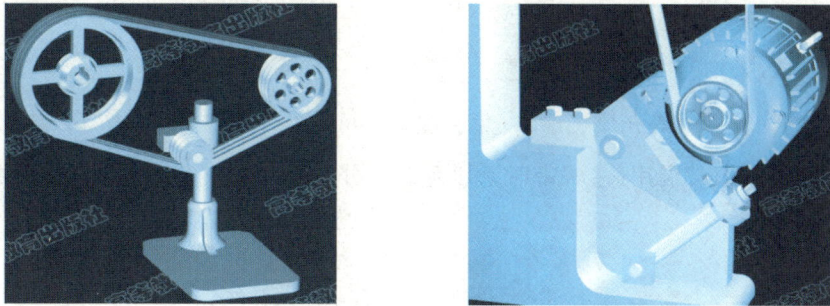

图 7-20　张紧轮装置和利用自重张紧

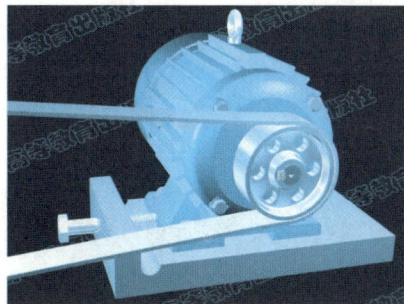

图 7-21　定期调节带的预紧力,使带重新张紧

(五)带传动的弹性滑动

传动带是弹性体,受到拉力后会产生弹性伸长,伸长量随拉力大小的变化而改变。带由紧边绕过主动轮进入松边时,带的拉力由 F_1 减小为 F_2,其弹性伸长量也减小。带在绕过带轮的过程中,相对于轮面向后收缩,带与带轮轮面间出现局部相对滑动,导致带的速度逐步小于主动轮的圆周速度,如图 7-22 所示。

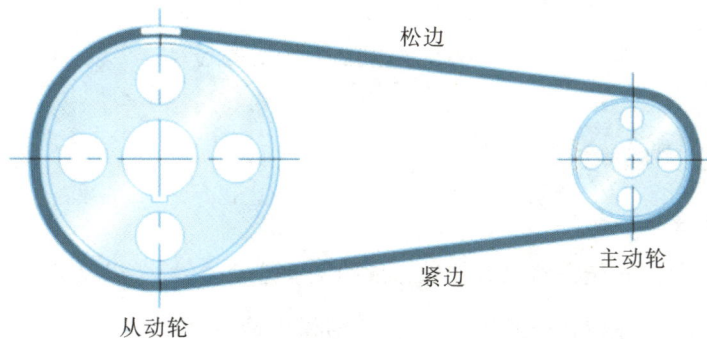

图 7-22　带传动的弹性滑动

由于带弹性变形而产生的带与带轮间的局部相对滑动称为弹性滑动。

弹性滑动和打滑的区别:弹性滑动和打滑是两个截然不同的概念。打滑是指过载引起的全面滑动,是可以避免的,后果是带严重磨损,不能正常工作;而弹性滑动是由于拉力差引起的,只要传递圆周力,就必然会发生弹性滑动,所以弹性滑动是不可以避免的。

(六)安装与维护要求

1. 按设计要求选取带型、基准长度和根数。

2. 禁止带与矿物油、酸、碱等介质接触，以免腐蚀。

3. 不能曝晒，不能新旧带混用（多根带时），以免载荷分布不匀。安装时先将中心距缩小，装好带后，再调松紧，如图7-23所示。

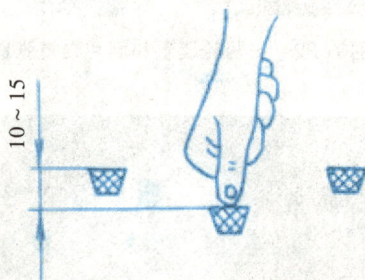

图7-23　调节带的松紧度

4. 安装时两轮槽应对准，处于同一平面。安装带轮时，两轮的轴线要平行，V型带在轮槽中应有正确的位置，如图7-24所示。

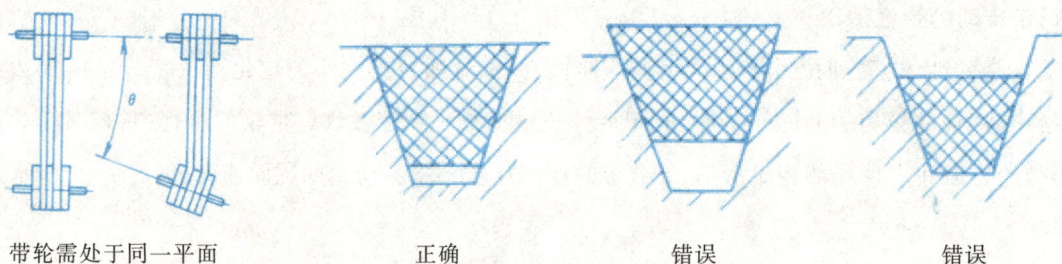

带轮需处于同一平面　　　　　　正确　　　　　　错误　　　　　　错误

图7-24　V型带的正确（错误）位置

二、链传动机构装配

(一)链传动工作原理与特点

链传动（如图7-25）是通过链条将具有特殊齿形的主动链轮的运动，以及动力传递到具有特殊齿形的从动链轮的一种传动方式。链传动有许多优点，与带传动相比，链传动无弹性滑动和打滑现象，平均传动比准确，工作可靠，效率高；传递功率大，过载能力强，相同工况下其传动尺寸小；所需张紧力小，作用于轴上的压力小；能在高温、潮湿、多尘、有污染等恶劣环境中工作。链传动的缺点主要有：仅能用于两平行轴间的传动；成本高，易磨损，易伸长，传动平稳性差，运转时会产生附加动载荷、振动、冲击和噪声，不宜用在急速反向的传动中。

1. 工作原理

两轮间以链条为中间挠性元件的啮合来传递动力和运动。

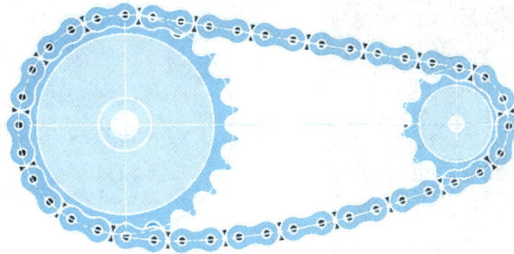

图7-25　链传动

2. 链传动的组成(如图7-26)

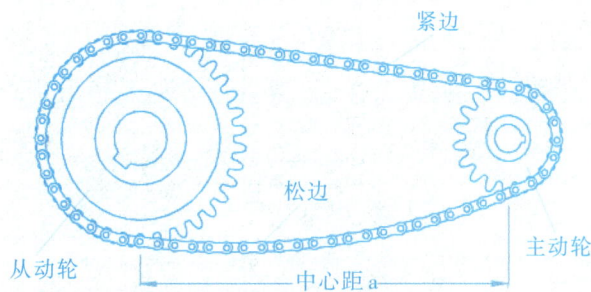

图7-26　链传动的组成

链传动由主动链轮、从动链轮、跨绕在两链轮上的环形链条和机架组成,以链条做中间挠性件,靠链条与链轮轮齿的啮合来传递运动和动力。

链传动的特点:链传动属于啮合传动,传动效率高,平均传动比准确,承载大。

应用:大中心距、重载、条件恶劣。

分类:传动链、起重链、曳引链(牵引链)、滚子链、齿形链,如图7-27所示。

图7-27　滚子链和齿形链

滚子链的结构,如图7-28所示。

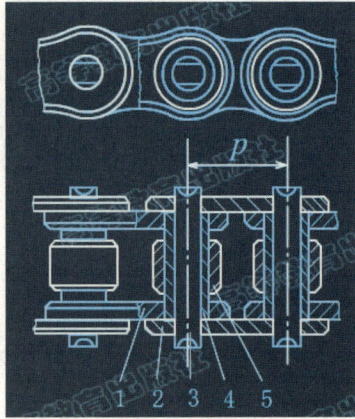

1.内链板 2.外链板 3.销轴
4.滚子   5.套筒

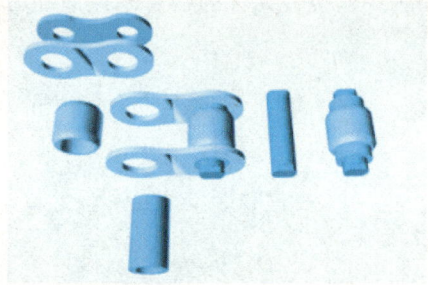

滚子链的组成

图 7-28 滚子链的结构

内链板与套筒之间、外链板与销轴之间为过盈连接。

滚子与套筒之间、套筒与销轴之间为间隙配合,内、外链板均为"8"型,如图7-29所示。

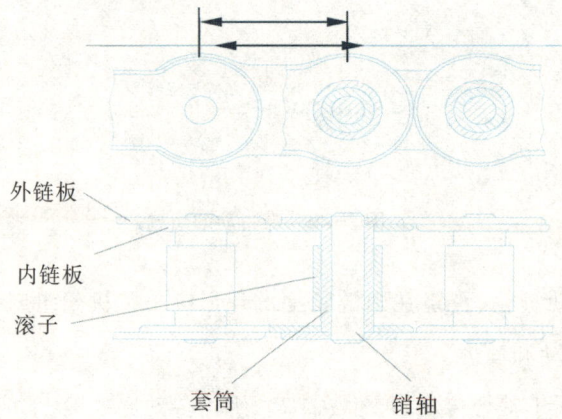

外链板

内链板

滚子

套筒   销轴

图 7-29 内、外链板均为"8"型

滚子链分为单排链、双排链、多排链。排数越多,承载能力越高,但各排链受载不均现象也越严重,故排数不宜过多。双排链和齿形链,如图7-30所示。

图 7-30 双排链和齿形链

链条的接头形式,如图7-31所示。

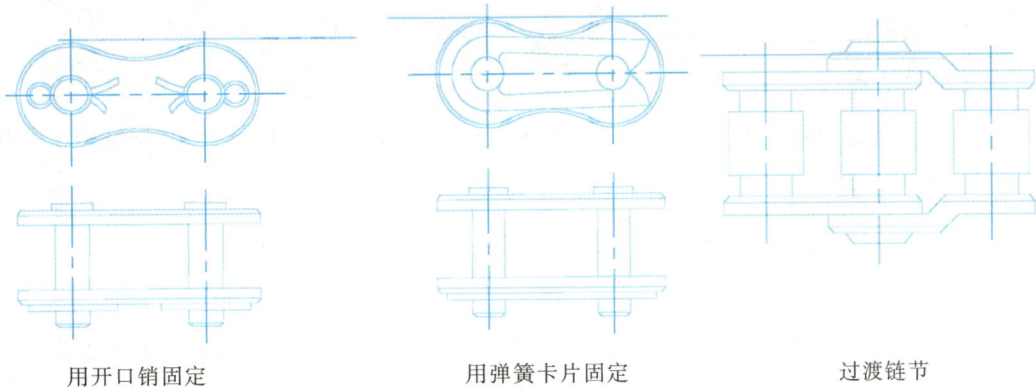

用开口销固定　　　　　　用弹簧卡片固定　　　　　　过渡链节

图7-31　链条的接头形式

链的长度用链节数Lp表示。链节数为奇数时,接头处须用过渡链节。为避免使用过渡链节,链节数最好为偶数。

齿形链分为圆销式、轴瓦式、滚柱式,如图7-32所示。

齿形链的特点:与套筒滚子链相比,其传动平稳、噪声较小,能传动较高速度,但摩擦、磨损较大。

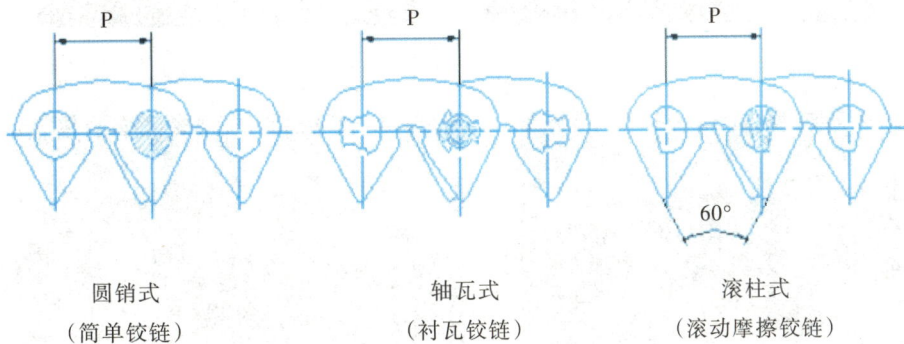

圆销式　　　　　　轴瓦式　　　　　　滚柱式
(简单铰链)　　　　(衬瓦铰链)　　　　(滚动摩擦铰链)

图7-32　齿形链

(二)链传动机构的装配技术要求

1. 两链轮轴线要求

两链轮轴线必须平行,否则会加剧链条和链轮的磨损,降低传动平稳性并增加噪声。

2. 两链轮之间轴向偏移量必须在规定的范围内

一般当两轮中心距小于500mm时,允许轴向偏移量为1mm;当两轮中心距大于500mm时,允许轴向偏移量为2mm。

3. 链轮的跳动量必须符合要求

链轮的跳动量必须符合要求。链轮跳动量可用划线盘或百分表进行检查。

4. 链条的下垂度要适当

链条的下垂度要适当,过紧会加剧磨损,过松则容易产生振动或脱链现象。对于水平或45°以下的链传动,链的下垂度应小于2%(为二链轮的中心距);倾斜度增大时,就要减少下垂度,在链垂直传动时,应小于0.2%。

5. 链传动机构的装配

（1）链轮在轴上的固定方法,链轮装配方法与带轮装配方法基本相同。

（2）套筒滚子的接头形式。

对于链条两端的接合,如两轴中心距可调节且链轮在轴端时,可以预先接好,再装到链轮上。如果结构不允许预先将链条接头连接好时,则必须先将链条套在链轮上,再采用专用的拉紧工具进行连接。

齿形链条必须先套在链轮上,再用拉紧工具拉紧后进行连接。

6. 链传动的布置、张紧及润滑

（1）链传动的布置要合理（如图7-33、图7-34）。链传动布置有水平布置、垂直布置和倾斜布置等。

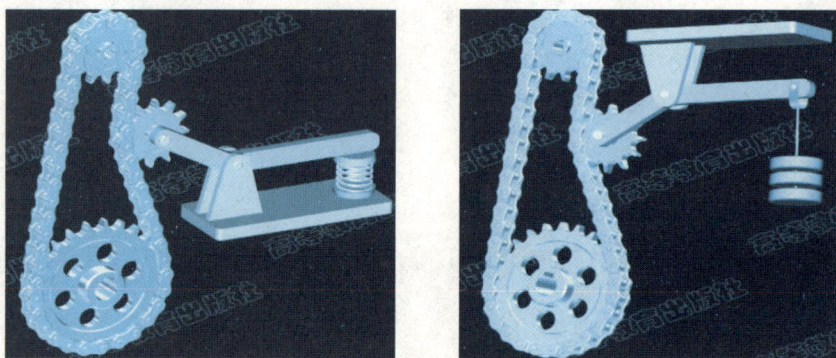

图7-33　垂直布置

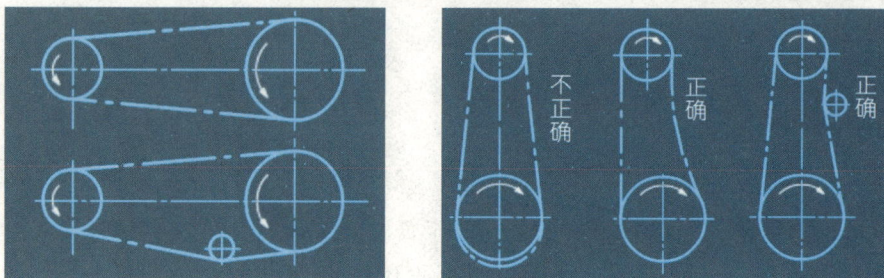

图7-34　倾斜布置

（2）链传动的张紧（如图7-35、图7-36）。分为自动张紧和重力自动张紧、托架自动张紧和张紧轮自动张紧。

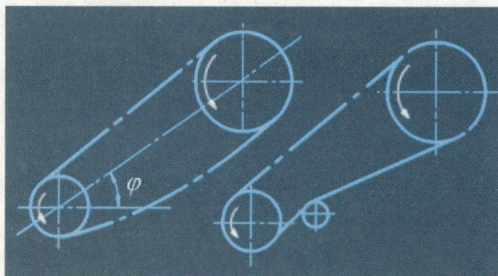

图7-35　自动张紧和重力自动张紧

图7-36 托架自动张紧和张紧轮自动张紧

三、齿轮传动机构的装配

齿轮传动是机械传动中应用最广的一种传动形式。它的传动比较准确,效率高,结构紧凑,工作可靠,寿命长。目前齿轮技术可达到的指标:圆周速度 v = 300m/s,转速 n = 105r/min,传递的功率 P = 105kW,模数 m = 0.004—100mm,直径 d = 1—152.3mm。直齿圆柱齿轮传动和斜齿轮传动如图7-37所示,蜗轮蜗杆传动和锥齿轮传动如图7-38所示。

图7-37 直齿圆柱齿轮传动和斜齿轮传动

图7-38 蜗轮蜗杆传动和锥齿轮传动

(一)几种典型的齿轮机构

齿轮传动(如图7-39)是机械中最常用的传动方式之一,它依靠轮齿间的啮合来传递运动和动力,在机械传动中应用广泛。

齿轮传动的优点是传动比恒定、变速范围大、传动效率高、传动功率大、结构紧凑、使用寿命长等。

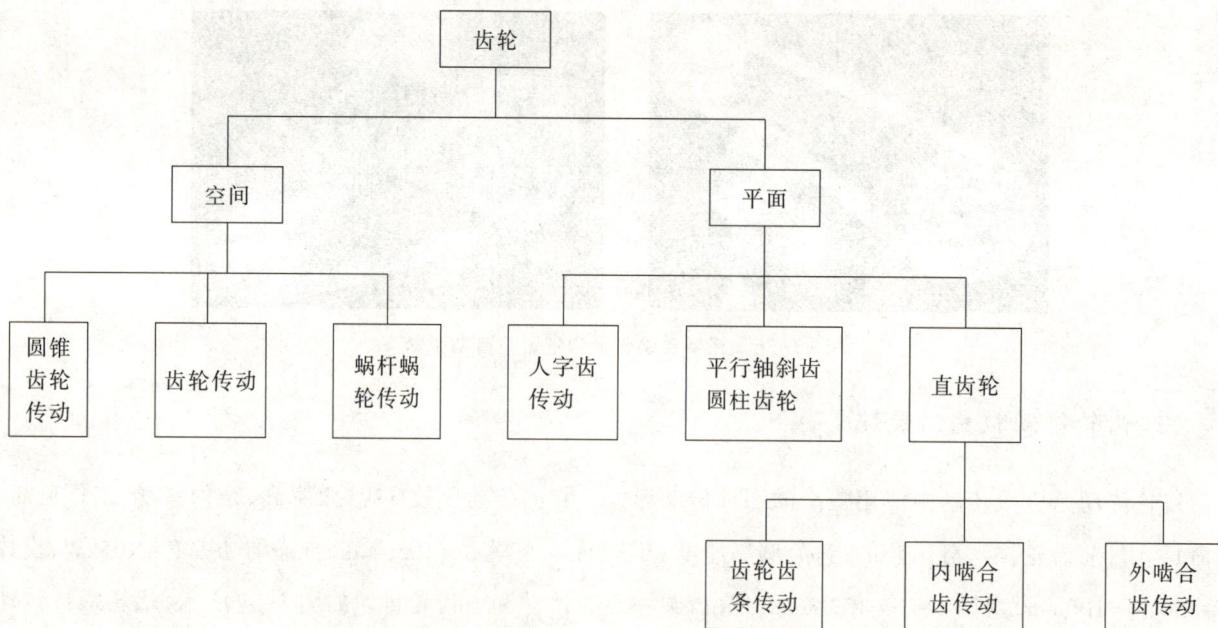

图7-39　齿轮传动机构

齿轮传动的缺点是噪声大、无过载保护、不宜用于远距离传动、制造装配要求高等。平面直齿轮,外啮合齿轮传动两齿轮的转动方向相反和内啮合齿轮传动两齿轮的转动方向相同,如图7-40所示;齿轮齿条传动和轮齿与其轴线倾斜一个角度平面平行,如图7-41所示。

图7-40　外啮合齿轮传动两齿轮的转动方向相反和内啮合齿轮传动两齿轮的转动方向相同

图7-41　齿轮齿条传动和轮齿与其轴线倾斜一个角度平面平行

　　轴斜齿圆柱齿轮传动：平面人字齿轮传动，由两个螺旋角方向相反的斜齿轮组成；空间（圆）锥齿轮传动，用于两相交轴之间的传动，如图7-42所示。

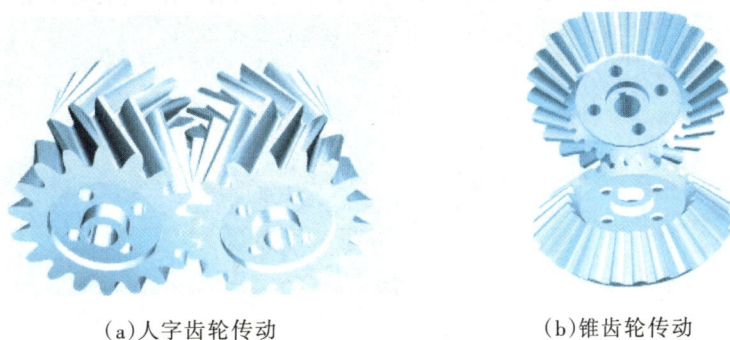

（a）人字齿轮传动　　　　　　　　　　（b）锥齿轮传动

图7-42　轴斜齿圆柱齿轮的两种传动

　　空间交错轴斜齿轮传动，用于传递两交错轴之间的运动；空间蜗轮蜗杆传动，用于传递两交错轴之间的运动，其两轴的交错角一般为90°，如图7-43所示。

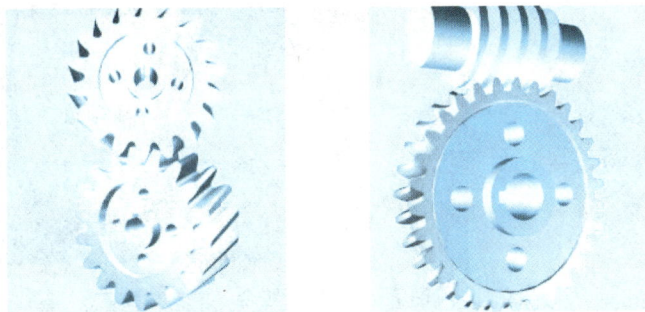

图7-43　用于两交错轴之间的两种传动

　　齿轮的作用：不仅用来传递运动，而且还要传递动力。

　　要求：运转平稳、有足够的承载能力。

　　齿轮的分类。开式传动：裸露、灰尘、易磨损，适于低速传动。

　　闭式传动：润滑良好，适于重要应用。

（二）齿轮失效形式

轮齿折断（如图7-44）一般发生在齿根处，严重过载突然断裂、疲劳折断（如图7-45）。

图7-44　轮齿折断　　　　　　　　　图7-45　疲劳断裂

1. 齿面点蚀（如图7-46）

齿面接触应力按脉动循环变化。当超过疲劳极限时,表面产生微裂纹、高压油挤压使裂纹扩展、微粒剥落。点蚀首先出现在节线处,齿面越硬,抗点蚀能力越强。软齿面闭式齿轮传动常因点蚀而失效。

图7-46　齿面点蚀

2. 齿面胶合（如图7-47）

高速重载传动中,常因啮合区温度升高而引起润滑失效,致使齿面金属直接接触而相互粘连。当齿面向对滑动时,较软的齿面沿滑动方向被撕下而形成沟纹。

图7-47　齿面胶合

3. 防护措施

（1）提高齿面硬度。

（2）减小齿面粗糙度。

（3）增加润滑油黏度（低速）。

（4）加抗胶合添加剂（高速）。

4. 齿面磨损（如图7-48）

图7-48　齿面塑性变形

齿面磨损包括跑合磨损和磨粒磨损。

防护措施:①减小齿面粗糙度。②改善润滑条件。

(三)齿轮传动机构装配的技术要求

1. 齿轮孔与轴的配合应满足使用要求。如空套齿轮在轴上不得有晃动现象,滑移齿轮不应有咬死或阻滞现象,固定齿轮不得有偏心或歪斜现象。

2. 保证齿轮有准确的安装中心距和适当的齿侧间隙。齿侧间隙是指齿轮副非工作表面法线方向距离。侧隙过小,齿轮转动不灵活,热胀时易卡齿,从而加剧齿面磨损;侧隙过大,换向时空行程大,易产生冲击振动。

3. 保证齿面有正确的接触位置和足够的接触面积。

4. 进行必要的平衡试验。

(四)圆柱齿轮传动机构的装配

装配圆柱齿轮传动机构时,一般先把齿轮装在轴上,再把齿轮轴部件装入箱体。

1. 齿轮与轴的装配

(1)在轴上空套或滑移的齿轮,一般与轴为间隙配合。

(2)在轴上固定的齿轮,与轴的配合多为过渡配合,有小量的过盈,装配时需加一定的外力。如过盈量较小时,用手工工具敲击装入;过盈量较大时,可用压力机压装或采用液压套合的装配方法。压装齿轮时,要尽量避免齿轮偏心、歪斜和端面未紧贴轴肩等安装误差。

(3)对于精度要求高的齿轮传动机构。

①径向跳动量。检查径向圆跳动误差的方法,在齿轮旋转一周范围内,百分表的最大读数与最小读数之差,就是齿轮分度圆上径向圆跳动的误差。

②端面跳动量。齿轮端面圆跳动误差的检查,在齿轮旋转一周范围内,百分表的最大读数与最小读数之差,即为齿轮端面圆跳动的误差。

2. 齿轮轴装入箱体

齿轮的啮合质量要求:适当的齿侧间隙、一定的接触面积、正确的接触位置。

(1)装配前对箱体的检查。

①孔距。

②孔系(轴系)平行度检验。

③孔轴线与基面距离尺寸精度和平行度检验。

④孔中心线与端面垂直度检验。

⑤孔中心线同轴度检验。

(2)装配质量的检验与调整。

齿侧间隙的检验,常用的检查方法有两种:①铅丝检验法(如图7-49);②百分表检验法(如图7-50)。

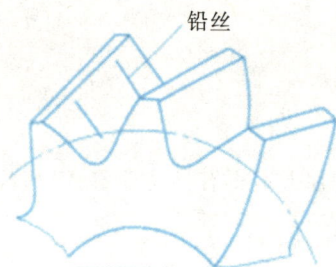

图 7-49　铅丝检验法

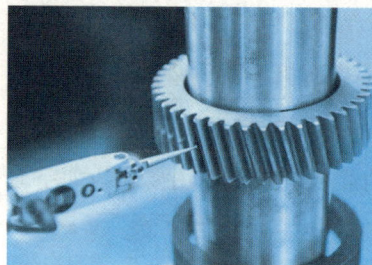

图 7-50　百分表检验法

接触精度的检验。接触精度的主要指标是接触斑点,其检验一般用涂色法,详见表 7-1。

齿轮上接触印痕的面积大小,应该随齿轮精度而定。一般传动齿轮(6—9级精度)在轮齿的高度上接触斑点应不少于 30%—50%,在轮齿的宽度上应不少于 40%—70%,其分布的位置应是自节圆处上下对称分布。

表 7-1　齿轮齿面接触斑点检验分析

接触斑点	原因分析	调整方法
	中心距太小	可在中心距允许范围内,刮削轴瓦或调整轴承座
同向偏接触	两齿轮轴线不平行	
异向偏接触	两齿轮轴线歪斜	
单向偏接触	两齿轮轴线不平行,同时歪斜	
斜向接触 (在整个齿圈上接触区由一边逐渐到另一边)	齿轮端面与回转中心线不垂直	检查并校正齿轮端面与回转中心线的垂直度
不规则接触(有时齿面一个点接触,有时在端面线上接触)	齿面有毛刺或有碰伤隆起	去除毛刺、隆起

(五)齿轮传动的润滑和效率

开式齿轮常采用人工定期润滑,可用润滑油或润滑脂进行润滑。

闭式齿轮传动的润滑方式由圆周速度 V 确定。

当 V≤12m/s 时,采用油池润滑(如图7-51)。

当 V>12m/s 时,采用油泵喷油润滑(如图7-52)。

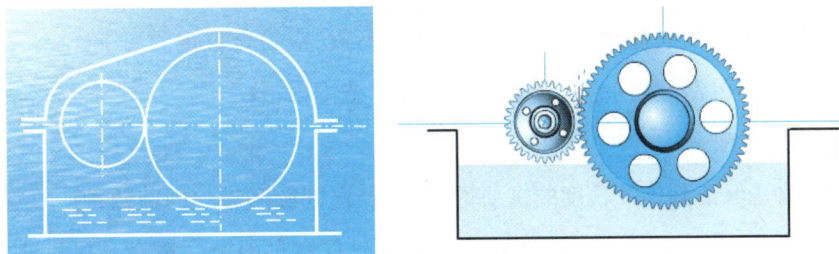

图7-51 油池润滑

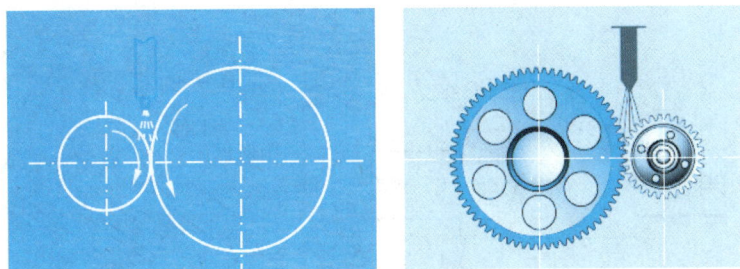

图7-52 喷油润滑

(六)圆锥齿轮传动机构的装配

装配圆锥齿轮传动机构的顺序和装配圆柱齿轮传动机构的顺序相似。

1. 箱体检验

圆锥齿轮一般是传递互相垂直的两根轴之间的运动,装配之前需检验两安装孔轴线的垂直度和相交程度。

2. 两圆锥齿轮轴向位置的确定

当一对标准的圆锥齿轮传动时,必须使两齿轮分度圆锥相切、两锥顶重合。

装配时据此来确定小圆锥齿轮的轴向位置,即小圆锥齿轮轴向位置按安装距离(小圆锥齿轮基准面至大圆锥齿轮轴的距离)来确定。如此时大圆锥齿轮尚未装好,可用工艺轴代替,然后按侧隙要求确定大圆锥齿轮的轴向位置,通过调整垫圈厚度将齿轮的位置固定。

3. 圆锥齿轮装配质量的检验

圆锥齿轮装配质量的检验,包括齿侧间隙的检验和接触斑点的检验。

(1)齿侧间隙检验。其检验方法与圆柱齿轮基本相同。

(2)接触斑点检验。接触斑点的检验一般用涂色法。在无载荷时,接触斑点应靠近轮齿小端,以保证工作时轮齿在全宽上能均匀接触。满载荷时,接触斑点在齿高和齿宽方向应不少于40%—60%(随齿轮精度而定)。

(七)螺旋传动机构的装配

螺旋传动是靠螺旋与螺纹牙面旋合来实现回转运动与直线运动转换的一种机械传动。它具有传动精度高、工作平稳、无噪声、易于自锁、能传递较大的扭矩等特点,在机床中螺旋传动机构得到了广泛的应用。

1. 螺旋传动机构的装配技术要求

为了保证丝杠的传动精度和定位精度,螺旋机构装配后一般应满足以下要求:

(1)螺旋副应有较高的配合精度和准确的配合间隙。

(2)螺旋副轴线的同轴度及丝杠轴心线与基准面的平行度,应符合规定的要求。

(3)螺旋副相互转动应灵活,丝杠的回转精度应在规定范围内。

2. 螺旋传动机构的装配

螺旋副的配合间隙是保证其传动精度的主要因素,分径向间隙和轴向间隙两种。

(1)径向间隙的测量(如图7-53)。径向间隙直接反映丝杠螺母的配合精度。其测量方法是使百分表触头抵在螺母上,用稍大于螺母重量的力压下或抬起螺母,百分表指针的摆量即为径向间隙值。

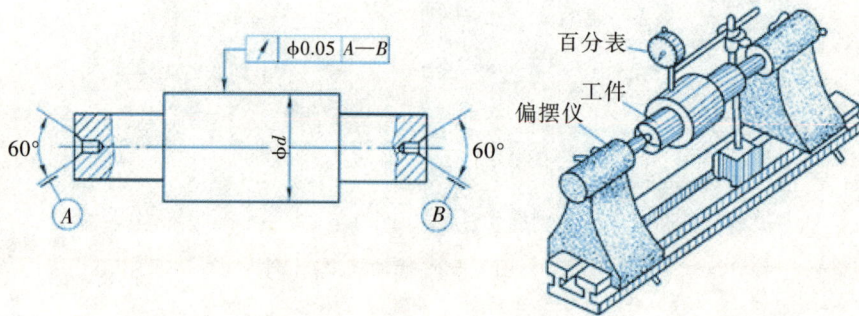

图7-53 径向间隙的测量

(2)轴向间隙的消除和调整。丝杠螺母的轴向间隙直接影响其传动的准确性,进给丝杠应有轴向间隙消除机构,简称消隙机构。

①单螺母消隙机构。螺旋副传动机构只有一个螺母时,常采用如图7-54所示的消隙机构,使螺旋副始终保持单向接触。注意:消隙机构的消隙方向应和切削力 x 方向一致,以防止进给时产生爬行,影响进给精度。

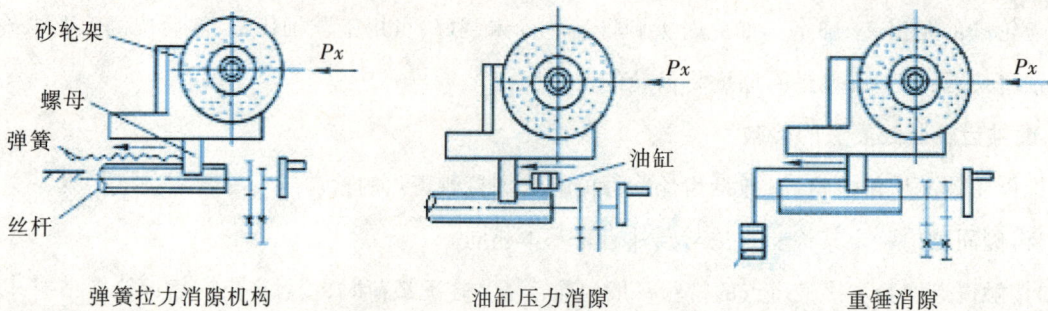

弹簧拉力消隙机构　　　　油缸压力消隙　　　　重锤消隙

图7-54 三种单螺母消隙结构

②双螺母消隙机构：双向运动的螺旋副应用两个螺母来消除双向轴向间隙。

楔块消隙机构：调整时，松开螺钉3，再拧动螺钉1使楔块2向上移动，以推动带斜面的螺母右移，从而消除右侧轴向间隙，调好后用螺钉3锁紧。消除左侧轴向间隙时，则松开左侧螺钉，并通过楔块使螺母左移。

弹簧消隙机构：调整时，转动调整螺母7，通过垫圈6及压缩弹簧5，使螺母8轴向移动，以消除轴向间隙。

垫片消隙机构：利用垫片厚度来消除轴向间隙的机构。丝杠螺母磨损后，通过修磨垫片10来消除轴向间隙。

这三种双螺母消隙机构，如图7-55所示。

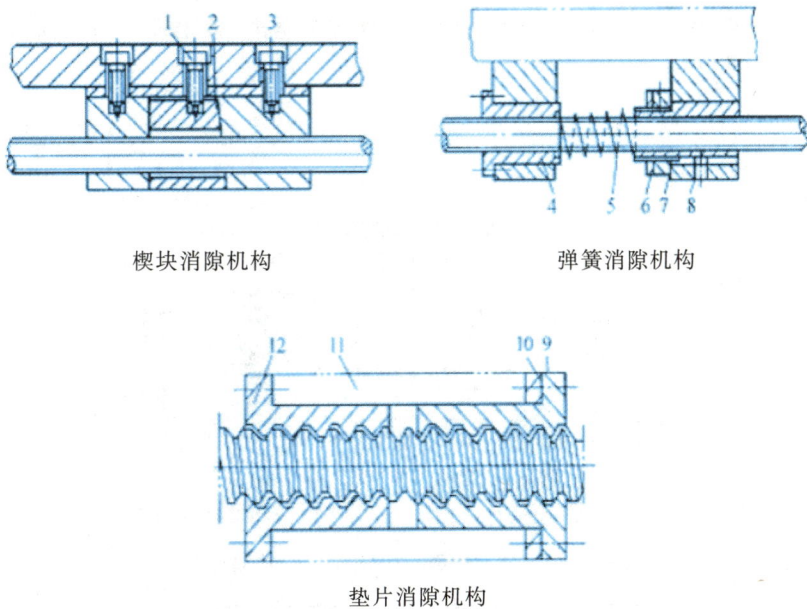

楔块消隙机构　　　　　弹簧消隙机构

垫片消隙机构

1、3. 螺钉　2. 楔块　4、8、9、12. 螺母　5. 弹簧
6. 垫圈　7. 调整螺母　10. 垫片　11. 工作台

图7-55　三种双螺母消隙机构

校正丝杠与螺母轴心线的同轴度及丝杠轴心线与基准面的平行度。

为了能准确而顺利地将旋转运动转换为直线运动，螺旋副必须同轴，丝杠轴线必须和基面平行。为此安装丝杠螺母时应按以下步骤进行。

首先，正确安装丝杠两轴承支座，用专用检验心棒和百分表校正，使两轴承孔轴心线在同一直线上，且与螺母移动时的基准导轨平行。校正时可以根据误差情况修刮轴承座结合面，并调整前、后轴承的水平位置，使其达到要求，如图7-56所示。

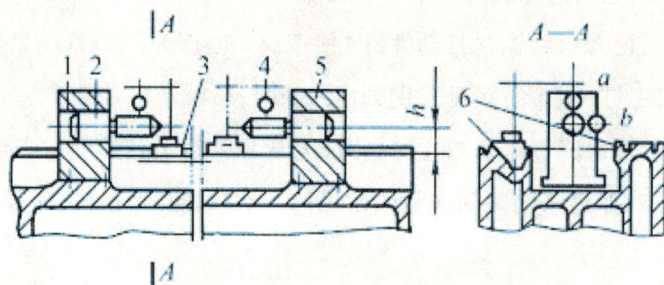

图 7-56 正确安装丝杆轴承座并检测

其次,以平行于基准导轨面的丝杠两轴承孔的中心连线为基准,校正螺母与丝杠轴承孔的同轴度,如图 7-57 所示。

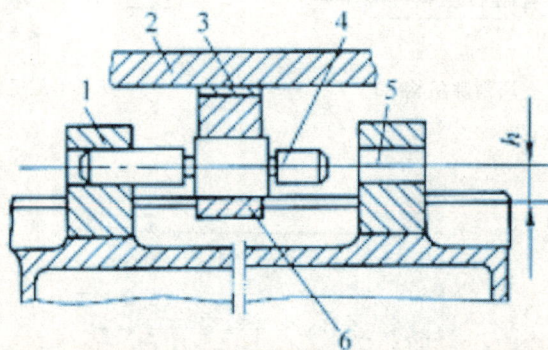

1,5. 前后轴承座　2. 工作台　3. 垫片　4. 检验棒　6. 螺母座

图 7-57　校正螺母与丝杆轴承孔的同轴度

3. 调整丝杠的回转精度

丝杠的回转精度是指丝杠的径向跳动和轴向窜动的大小。装配时,通过正确安装丝杠两端的轴承支座来保证。

(八)蜗轮蜗杆传动机构的装配

蜗轮蜗杆传动机构用来传递互相垂直的空间交错两轴之间的运动和动力。

常用于转速需要急剧降低的场合。它具有降速比大、结构紧凑、有自锁性、传动平稳、噪声小等优点。缺点是传动效率较低,工作时发热大,需要有良好的润滑。

1. 蜗轮蜗杆传动机构的装配技术要求

通常的蜗轮蜗杆传动是以蜗杆为主动件,其轴心线与蜗轮轴心线在空间交错轴间交角为 90°,装配时应符合以下技术要求。

(1)蜗杆轴心线应与蜗轮轴心线垂直,蜗杆轴心线应在蜗轮轮齿的中间平面内。

(2)蜗杆与蜗轮间的中心距要准确,以保证有适当的齿侧间隙和正确的接触斑点。

(3)转动灵活。蜗轮在任意位置,旋转蜗杆手感相同,无卡住现象。

2. 蜗轮蜗杆传动机构的装配

一般情况下,装配工作是从装配蜗轮开始的。其步骤如下:

(1)组合式蜗轮应先将齿圈压装在轮毂上,方法与过盈配合装配相同,并用螺钉加以紧固。

(2)将蜗轮装在轴上,其安装及检验方法与圆柱齿轮相同。

(3)把蜗轮轴组件装入箱体,然后再装入蜗杆。一般蜗杆轴的位置由箱体孔确定,要使蜗杆轴线位于蜗轮轮齿的中间平面内,可通过调整垫片厚度的方法来调整蜗轮的轴向位置。

3. 蜗轮蜗杆传动机构装配质量的检验

(1)蜗轮的轴向位置及接触斑点的检验

图7-58(a)为正确接触,其接触斑点应在蜗轮轮齿中部稍偏于蜗杆旋出方向;如图7-58(b),7-58(c)表示蜗轮轴向位置不正确,应配磨垫片来调整蜗轮的轴向位置。接触斑点的长度,轻载时为齿宽的25%—50%,满载时为齿宽的90%左右,如图7-58所示。

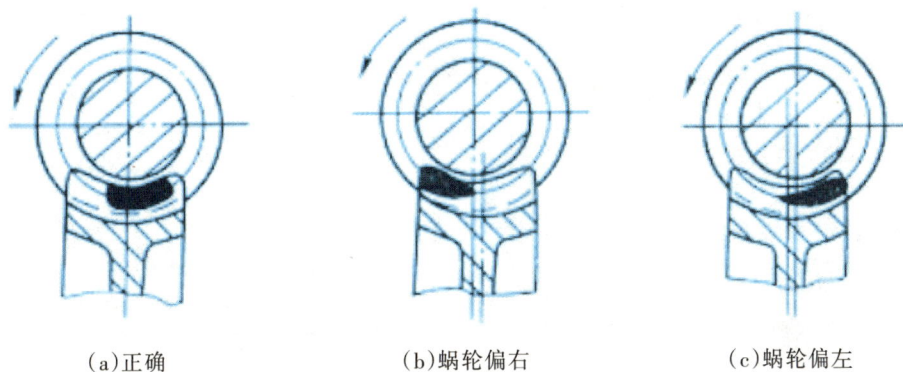

(a)正确　　　　(b)蜗轮偏右　　　　(c)蜗轮偏左

图7-58　用涂色法检验蜗轮齿面接触斑点

(2)涡轮蜗杆齿侧间隙的检验

蜗轮蜗杆齿测间隙一般用百分表测量,如图7-59所示。

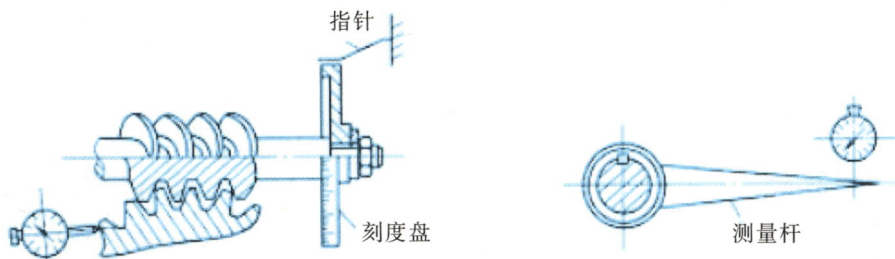

图7-59　百分表测量法

 思 考 与 练 习

一、填空题

1. 常用的机械传动装置包括_____、_____、_____、_____等。

2. 带传动是利用张紧在带轮上的_____进行_____或_____传递的一种机械传动。根据传动原理的不同,有_____型带传动和有靠带与带轮上的齿相互啮合传动的_____带传动。

3. 同步带的最基本参数是_____和_____。为此国际上有_____和_____两种标准。

4. _____为同步带的公称长度。

5. 若两同步带轮的中心距大于最小带轮直径的8倍时,则两带轮应有_____。

6. V带传动的主要组成是_____、_____和_____。

7. 一般带轮孔和轴的连接采用_____配合。

8. 链传动由_____、_____和_____(中间挠性件)组成,通过_____的链节与_____上的轮齿相_____来传递运动和动力。

9. 常用的传动链有_____和_____。

10. 滚子链中相邻两滚子的中心距称为_____,用P表示,是链条的主要参数。

11. 滚子链10A−1X86GB/T1243—1997表示_____。

12. 齿轮传动是利用两齿轮的轮齿相互_____以传递_____和_____的机械传动装置。在所有的机械传动中,齿轮传动应用最广,可用来传递_____的两轴之间的运动和力。

13. 齿轮轴部件装入箱体后,要检验齿轮副的_____,包括_____的测量和_____的检查。

14. 蜗轮、蜗杆传动由_____和_____组成,常用于传递_____两轴间的运动及动力。

二、判断题

1. 成组V带传动更换时,只更换损坏的那根带,这样既节约又能保证V带正常工作。 （ ）

2. 带传动中,在预紧力相同的条件下,V带比平带能传递较大的功率,是因为V带没有接头。 （ ）

3. 清洁同步带时,若同步带较脏,应将带在清洁剂中浸泡或者使用清洁剂刷洗。 （ ）

4. 同步带难以安装的场合,不得用工具把同步带撬入带轮,可以敲同步带翻过带轮的侧面挡边。 （ ）

5. 滚子链中节距p越大,链条各零件尺寸越大,所能传递的功率也越大。 （ ）

6. 奇数节滚子链可采用弹簧卡连接链条两端。 （ ）

7. 用弹簧卡连接链条时,其开口端方向与链条工作时的运动方向相反,以免运转中弹簧卡受到碰撞而掉落。 （ ）

8. 如若链传动结构不允许调节两轴中心距,则必须先将链条套在链轮上,然后再进行连接。 （ ）

9. 如链条上积聚了灰尘泥沙和污渍,应及时用煤油清洗,洗净后将链条浸入润滑油中,使链条充分浸油后再装上。 （ ）

10. 链条在使用过程中,正常的磨损会使链条逐渐伸长,结果链条下垂度会逐渐增大,链条产生剧烈跳动,链条磨损加大,甚至出现跳齿、脱齿的现象。 （ ）

三、简答题

1. V带传动装置的技术要求有哪些？ 如不符合要求,对传动有何影响？

2. 为什么要调整传动带的张紧力？ 如何调整？

3. 带轮一般安装在轴端,轴与带轮有哪几种连接方式？ 装配时要注意什么问题？

4. V带安装的要点是什么？ 安装后如何调整？

5. 如何检测带轮的安装精度？

6. 带传动张紧维护的要点是什么？

7. 为什么要控制同步带传动的预紧力？ 如何检查与调整同步带预紧力？

8. 链条一般选奇数节还是偶数节？ 分别怎么连接？ 连接时应注意什么问题？

9. 简述链传动的特点和应用场合。

10. 如何确定链条的下垂量？如何对链条进行张紧？

11. 如何进行链轮的装配和调试？

12. 齿轮传动的装配技术要求有哪些？

13. 齿轮装在轴上后，为什么要检查径向和断面跳动？如何检查？

14. 齿轮传动的啮合质量包括哪几个方面要求？受哪些因素影响？

15. 什么是齿轮传动侧隙？为什么齿轮传动要留有侧隙？用压熔断丝检验如何测量齿轮间隙？

16. 蜗轮、蜗杆传动机构的技术要求有哪些？

17. 蜗轮、蜗杆传动机构啮合后接触斑点应怎样计算？

18. 简述蜗轮、蜗杆传动的装配顺序。

19. 蜗轮、蜗杆传动机构装配质量如何检验？

项目实训篇

项目八 变速动力箱的装配与调整

一、项目引入

随着现代制造技术的不断发展,机械传动复杂性在不断加大,传动效率在不断提高,使传统的传动机构发生了重大变化。变速动力箱实现了动力源多个方向力的传递且速度多变,符合多对动力传递速度有较高要求的场合,本变速动力箱主要由齿轮、传动轴、卸荷装置、带轮等组成。它们广泛地应用在汽车、车床、各种动力传输、矿山机械等产业上。

本变速动力箱为动力源,实现变速后,使动力有两路输出功能。主要是由四根轴组成的箱体结构,一根输入轴、一根传动轴和两根输出轴,两根输出轴成90°夹角。可实现一轴输入两轴变速输出的功能,完成变速动力箱的装配工艺及精度检测实训。

(一)项目目标

1. 了解变速箱变速的工作原理。

2. 了解直齿轮、锥齿轮的装配工艺过程。

3. 学会齿轮间隙的调整。

4. 能对常见故障进行判断分析。

(二)项目任务

1. 能够读懂变速动力箱的部件装配图。了解各个零件之间的装配关系,了解齿轮、传动轴的运作过程和功能。

2. 理解图纸中的技术要求,根据技术要求进行零部件的安装和调整。

(1)正确掌握齿轮间隙的调整方法和调整步骤。

(2)正确使用工具、量具测量联轴器的同轴度。

(3)会安装轴承、齿轮,并达到使用要求。

(三)变速动力箱模块介绍

变速动力箱模块是浙江天煌科技实业有限公司生产的THMDZP-2型机械装配技能综合实训平台中的动力源部分,主要功能是为整台设备提供动力。变速动力箱:由主动电机通过带轮向变速动力箱提供输入动力,经过变速动力箱的操作后,使动力有两路输出功能。其主要是由四根轴组成的箱体结构,一根输入轴、一根传动轴和两根输出轴,两根输出轴成90°夹角,可实现一轴输入两轴变速输出的功能。变速动力箱实物如图8-1所示。

图8-1　变速动力箱实物图

二、相关知识链接

(一)变速动力箱的原理与特点介绍

1. 变速动力箱的工作原理

变速动力箱(如图8-2)由带轮1输入动力,经卸荷装置2、第一传动轴3、驱动第二传动轴4、第三传动轴5、通过直齿轮和锥齿轮等传递,实现了两个方向动力的传动,一路驱动第三传动轴5和另一路驱动第四传动轴7。第三传动轴与第四传动轴成90°夹角,可实现一轴输入两轴变速输出的功能。

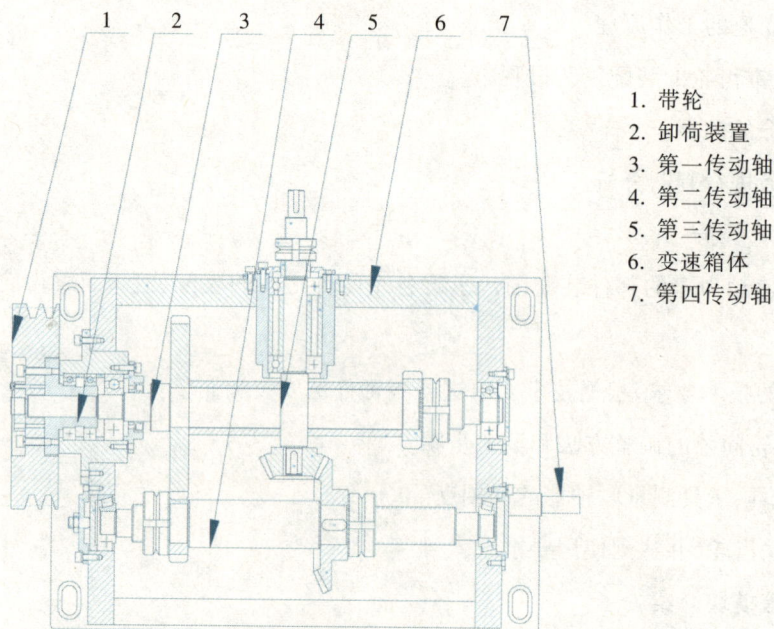

1. 带轮
2. 卸荷装置
3. 第一传动轴
4. 第二传动轴
5. 第三传动轴
6. 变速箱体
7. 第四传动轴

图8-2　变速动力箱工作原理图

2. 变速动力箱的结构组成和特点

从上述工作原理可以看出,变速动力箱一般由下列几部分组成。

(1)传动系统:由齿轮、传动轴等组成。其作用是传递动力源的运动和能量,并起变速、改变方向的效果。

(2)能源系统:由电动机等组成。电动机将电能转换成可旋转的动力。

(3)支承部件:主要为变速箱体、轴承、轴承套,它支撑了传动轴、齿轮的工作位置,保证精密分度盘要求的精度、强度和刚度。

3. 变速动力箱的装配要点

变速动力箱的装配与调试有以下几个要点。

(1)装配前的准备工作内容较多,首先要读懂变速动力箱的装配图,理解变速箱的装配技术要求;了解零件之间的配合关系;检查零件的精度,特别是对配合要求较高的部位零件,检查是否达到加工要求;要装配要求配齐所有零件,根据装配要求选用装配时必需的工具。

(2)按先装配齿轮、后装传动轴,先装配内部件、后装配外部件,先装配难装配件、后装配易装配件的原则,进行变速动力箱的零件装配和部件装配。例如,对于锥齿轮的装配,要调整间隙,保证锥齿轮运转顺畅。

(3)对于装配后的变速动力箱,进行手动转动,检查转动是否灵活,有无卡阻现象。

三、变速动力箱的安装与调试任务的实施

通过对变速动力箱的整体安装与调试后,进入齿轮、传动轴安装调整的任务实施,可以让学生分组进行,有条件的可以2人一组进行考核,可以根据学生的装配熟练程度设定考核时间,考核前先将变速动力箱部分部件完全分离,并检查所有零件是否完好,如有缺损,事先补齐,最后进行考核计时。

(一)任务实施前准备

1. 检查技术文件、图纸和零件的完备情况。

2. 根据装配图纸和技术要求,确定装配任务和装配工艺。

3. 根据装配任务和装配工艺,选择合适的工具、量具,工具、量具摆放整齐,装配前量具应校正。

4. 对装配的零部件进行清理、清洗,去掉零部件上的毛刺、铁锈、油污等。

5. 工具和量具的准备。

在下列表格中写出变速动力箱的装配工具和量具清单,见表8-1。

表8-1　变速动力箱的装配工具和量具清单

序　号	工量具名称	型号/规格	数　量	备　注

序　号	工量具名称	型号/规格	数　量	备　注

（二）任务实施内容

装配变速动力箱的操作步骤：

第一步，将变速箱体用相应螺丝固定在底板上，如图8-3所示。

图8-3　将变速箱体用相应螺丝固定在底板上

第二步，将相应齿轮固定在第一传动轴上，如图8-4所示。

图8-4　将相应齿轮固定在第一传动轴上

第三步,将第一传动轴、卸荷装置安装在变速箱体上,如图8-5所示。

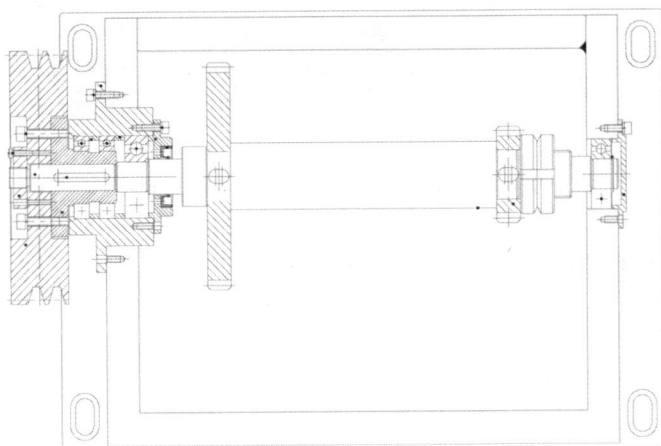

图8-5　将第一传动轴、卸荷装置安装在变速箱体上

第四步,将相应齿轮安装在第二传动轴上,如图8-6所示。

图8-6　将相应齿轮安装在第二传动轴上

第五步,将第二传动轴安装在变速箱体上,如图8-7所示。

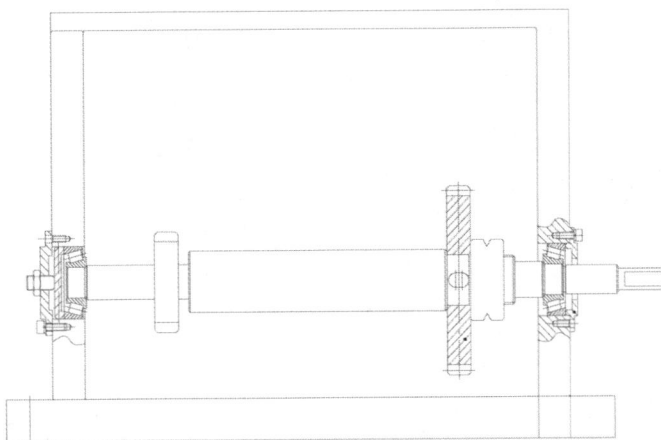

图8-7　将第二传动轴安装在变速箱体上

第六步,将相应齿轮安装在第三传动轴上,如图8-8所示。

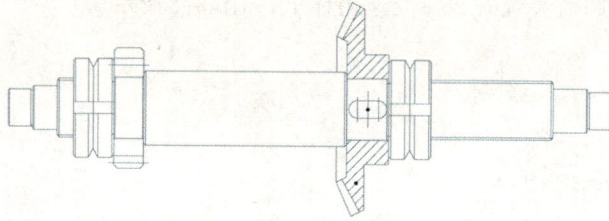

图8-8 将相应齿轮安装在第三传动轴上

第七步,将第三传动轴安装在变速箱体上,如图8-9所示。

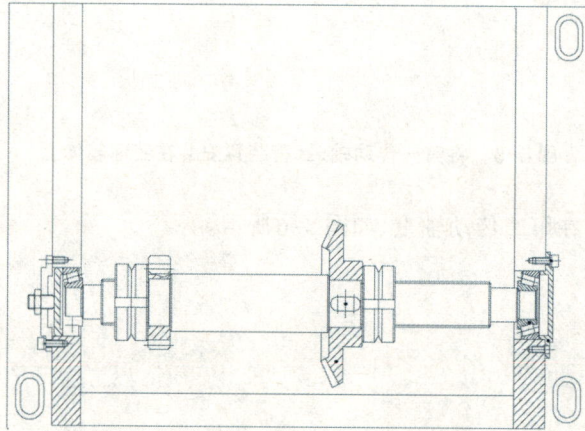

图8-9 将第三传动轴安装在变速箱体上

第八步,将相应齿轮、轴承、端盖等安装在第四传动轴上,如图8-10所示。

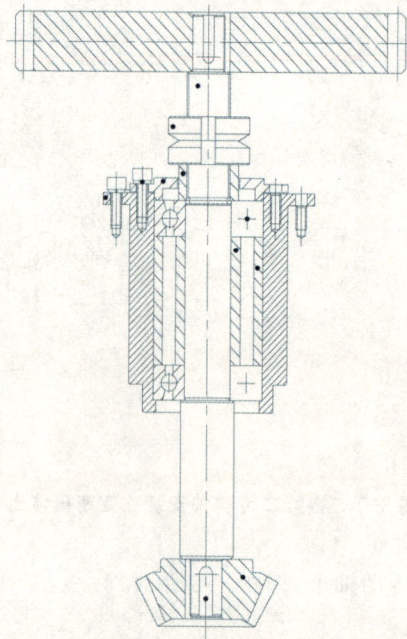

图8-10 将相应齿轮、轴承、端盖等安装在第四传动轴上

第九步,将第四传动轴安装在变速箱体上,如图8-11所示。

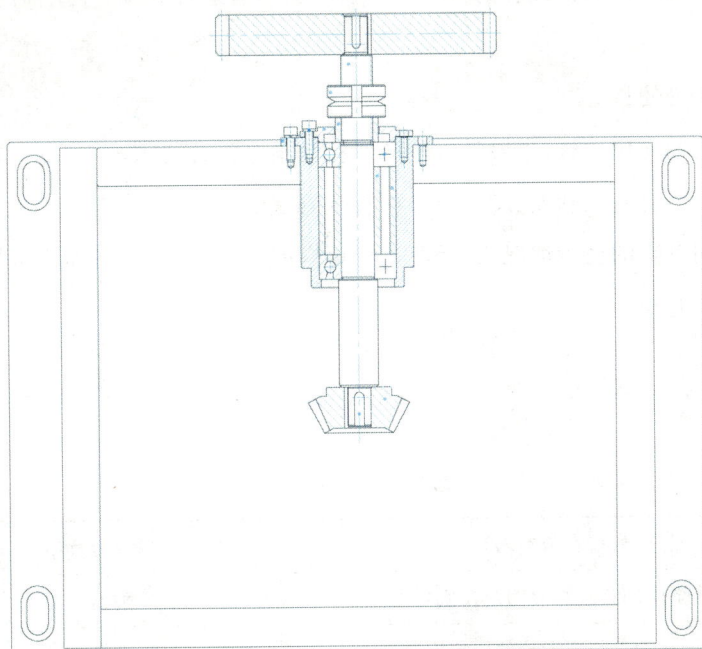

图8-11　将第四传动轴安装在变速箱体上

第十步,对变速动力箱进行整体调试,使其运转自如,无卡阻现象,如图8-12所示。

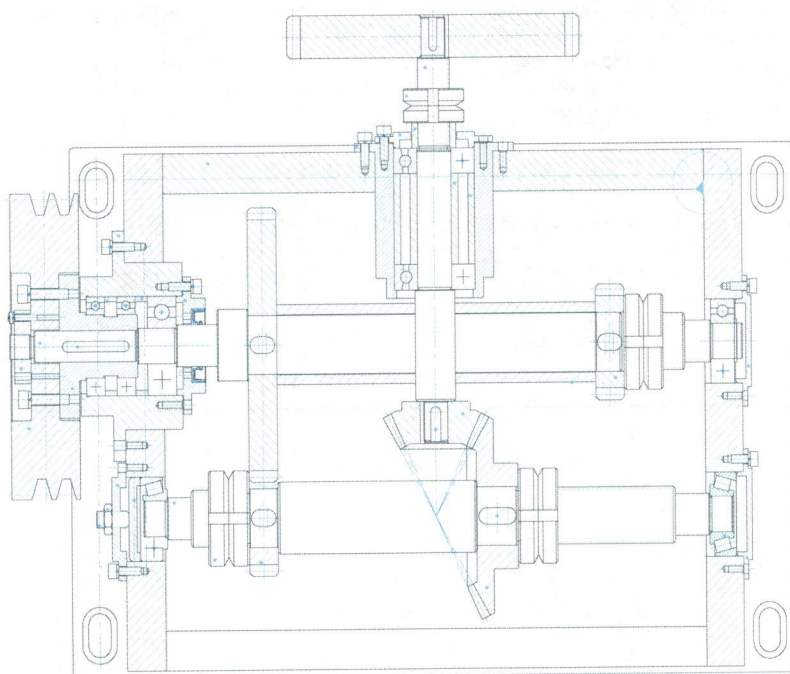

图8-12　对变速动力箱进行整体调试,使其运转自如,无卡阻现象

(三)变速动力型的整体调整

变速动力箱整体安装后,调整各个齿轮间隙,保证相互之间转动灵活,无卡阻现象,调整变速箱体的相对位置,使变速箱体与其他模块配合顺畅。

了解实训装置的动作原理,学会设备的操作。开机时必须有老师在场,在老师同意的情况下实施操作。

(四)注意事项

(1)工、卡、量具的正确使用。

(2)检查运转部件的轴向窜动量,主要是轴承的间隙是不是符合要求。

(3)检查轴承内外圈滚道有无麻点、腐蚀、凹坑、裂纹等缺陷。

(4)根据润滑油或润滑脂的润滑情况,要及时进行更换或添加,要求润滑油添至1/3—1/2,润滑脂至1/3。

(5)严格遵守安全文明操作规程。

四、任务评价(见表8-2)

表8-2 任务评价

序号	项目技术与要求	配分	评分标准	得分	备注
1	将变速箱体用相应螺丝固定在底板上	8	酌情扣分		
2	第一传动轴上相应齿轮的固定安装	8	酌情扣分		
3	将第一传动轴、卸荷装置安装至变速箱上	8	酌情扣分		
4	将相应齿轮安装在第二传动轴上	8	酌情扣分		
5	将第二传动轴安装在变速箱体上	8	酌情扣分		
6	将相应齿轮安装在第三传动轴上	8	酌情扣分		
7	将第三传动轴安装在变速箱体上	8	酌情扣分		
8	将相应齿轮、轴承、端盖等安装在第四传动轴上	7	酌情扣分		
9	将第四传动轴安装在变速箱体上	7	酌情扣分		
10	对变速动力箱进行整体调试,使其运转自如,无卡阻现象	10	酌情扣分		
11	实习考勤、纪律	10	酌情扣分		
12	安全文明生产	10	酌情扣分		
姓名	操作用时	日期		指导教师	

项目九　凸轮控制式电磁离合器和精密分度盘的装配与调整

一、项目引入

随着现代制造技术的不断发展,机械传动机构的定位精度和动力传递的稳定性在不断提高、运动轮廓的复杂性在不断加大,使传统的传动机构发生了重大变化。凸轮机构、电磁离合器、蜗轮、蜗杆的应用极大地提高了各种机械的传动性能。凸轮机构以其独有的特性使零部件实现复杂、既定的曲线运动;电磁离合器实时控制动力的传递过程,实现了主动部件与从动部件之间的联动与切离、动力传动的制动与停止、变速、正反运转、高速运转、定位于转位;蜗轮、蜗杆常用于两轴交错、传动比大、间歇工作的场合。它们广泛地应用在制造机械、自动化、各种动力传输、矿山机械和航空航天等产业上。

凸轮控制式电磁离合器主要由盘形凸轮、限位开关、斜齿轮、法兰盘、牙嵌式电磁离合器、传动轴等组成,精密分度盘主要由蜗轮、蜗杆、箱体、蜗轮轴、分度盘等组成。凸轮控制式电磁离合器与精密分度盘的装配与调试,是对电磁离合器工作原理、控制系统、精密分度传动系统等的仿真训练。

(一)项目目标

1. 了解电磁离合器、蜗轮、蜗杆的工作原理。

2. 了解凸轮、电磁离合器、蜗轮、蜗杆的装配工艺过程。

3. 了解精密分度盘的分度方式。

4. 学会电磁离合器的装配与间隙调整。

5. 能对常见故障进行判断分析。

(二)项目任务

1. 能够读懂凸轮控制式电磁离合器与精密分度盘的部件装配图。了解各个零件之间的装配关系,了解电磁离合器、蜗轮、蜗杆的运作过程和功能。

2. 理解图纸中的技术要求,根据技术要求进行零部件的安装和调整。

3. 正确掌握离合器间隙的调整方法和调整步骤。

4. 正确使用工具、量具测量轴承座的等高及法兰盘的同轴度。

5. 会安装蜗轮、蜗杆,并达到使用要求。

（三）凸轮控制式电磁离合器与精密分度盘模块介绍

凸轮控制式电磁离合器与精密分度盘模块，它是由浙江天煌科技实业有限公司生产的THMDZP-2型机械装配技能综合实训平台中的动力传递机构与分度转向机构。凸轮控制式电磁离合器是由凸轮的外轮廓线控制限位开关的闭合，用电刷得电与失电来进一步控制电磁离合器的离合，最终达到动力的间歇传递；精密分度盘：动力源于电磁离合器的传递，由蜗轮、蜗杆进行交错传递，进一步精确地控制分度转盘进行四分度转动，如图9-1所示。

图9-1　分度盘

二、相关知识链接

（一）精密分度盘的原理与特点介绍

1. 精密分度盘的工作原理

分度机构由分度盘、蜗轮、蜗杆组成，分度盘上有多圈不同等分的定位孔。转动与蜗杆相连的手柄将定位销插入选定的定位孔内，即可实现分度。当分度盘上的等分孔数不能满足分度要求时，可通过蜗轮与主轴之间的交换齿轮改变传动比，扩大分度范围。在铣床上可将万能分度头的交换齿轮与铣床工作台的进给丝杠相连接，使工件的轴向进给与回转运动相组合，按一定导程铣削出螺旋沟槽，如图9-2所示。

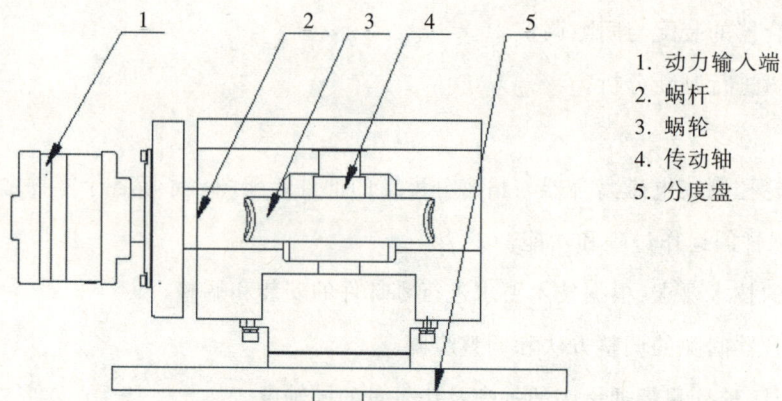

1. 动力输入端
2. 蜗杆
3. 蜗轮
4. 传动轴
5. 分度盘

图9-2　分度盘工作原理

图9-2所示为分度盘工作原理:动力输入端1提供动力来源,蜗轮3和蜗杆2相互交错传递动力,传动轴4和驱动分度盘5进行特定角度的转动。

2. 精密分度盘的结构组成和特点

从上述工作原理可以看出,精密分度盘一般由下列几部分组成。

(1)工作机构:指由分度盘及其部件组成的模块。其作用是将传动系统的旋转运动变换为工件的特定角度的转动,承受和传递工作压力,安装紧固待加工工件。

(2)传动系统:一般由蜗轮、蜗杆等组成。其作用是传递动力源的运动和能量,并起自锁作用。

(3)能源系统:由电动机或手轮等组成。电动机、手轮将电能、机械能转换成可旋转的动力。

(4)支承部件:主要为蜗轮蜗杆箱体,它支撑了蜗轮、蜗杆的工作位置,保证精密分度盘要求的精度、强度和刚度。

三、分度盘的装配要点

分度盘的装配与调试有以下几个要点。

1. 装配前的准备工作内容较多,首先要读懂分度盘的装配图,理解分度盘的装配技术要求;了解零件之间的配合关系;检查零件的精度,特别是对配合要求较高的部位零件,检查是否达到加工要求;按装配要求配齐所有零件,根据装配要求选用装配时所必需的工具。

2. 按先装配蜗杆、后装配蜗轮,先装配内部件、后装配外部件,先装配难装配件、后装配易装配件的原则,进行分度盘的零件装配和部件装配。例如,蜗轮、蜗杆的装配。先将蜗杆装配在相应的轴承座内,并达到配合要求,然后将蜗轮装配在分度箱体内,检查蜗杆与蜗轮之间的间隙并适当调整,确定间隙达到要求。

3. 安装分度盘,将分度盘用定位销定位后装配预紧,调整分度盘与传动轴之间的同轴度,当达到要求时,打紧紧固螺钉。

4. 对于装配后的分度盘,手动转动一定角度,检查转动是否灵活,有无卡阻现象。

四、分度盘装配实训任务

了解实训室分度盘结构和动作原理,了解蜗轮、蜗杆结构和装配关系。熟悉分度盘结构和分度原理,按老师要求拆装一副分度盘,仔细观察分度的质量,测量电磁离合器与垫圈之间的同轴度并进行调整。

注意事项:

1. 轴承安装时不可盲目敲击,应注意敲击部位,以免损坏轴承。

2. 严格遵守安全文明操作规程。附分度盘的装配工量具清单,见表9-1。

表9-1 分度盘的装配工具和量具清单

序号	工量具名称	型号/规格	数 量	备 注

五、任务评价

根据学生的完成情况,进行分度盘和蜗轮、蜗杆的装配实训评价。教师评价时可以采用提问方式逐项评价,可以事先发给学生思考题,让学生带着任务下实训室。附:认识蜗轮、蜗杆和分度盘的工作任务评分见表9-2。

表9-2 认识蜗轮、蜗杆和分度盘的工作任务评分表

姓名		小组编号	
设备名称		实训时间	
列举看到的零件、套件、组件和部件名称			
简单描述某一部件或机器的装配顺序			

续表

姓名		小组编号	
设备名称		实训时间	
列举看到的分度盘装配和调试的测试仪器(或工具)、试验设备(或量具)各五项以上			
简单描述蜗轮、蜗杆装配和调试的主要任务			
小组评价(对以上参观后描述的范围、准确性进行评价)			
教师评价			

六、凸轮控制式电磁离合器的结构原理

电磁离合器靠线圈的通断电来控制离合器的接合与分离,凸轮通过限位开关控制电磁离合器的通断电,动力通过电磁离合器进行一定间歇时间的传递。

(一)凸轮控制式电磁离合器的工作特点

1. 通过凸轮的调节与修正控制电磁离合器的工作间歇时间的长短。

2. 凸轮通过限位开关的闭合控制电磁离合器的通断电。

3. 电磁离合器精确、快速、高效率地传递动力,从而准确无误地控制相应分度盘的工作位置和转动时间。

综上所述,凸轮控制式电磁离合器特别适用于要求精确控制、定位,快速变速、转向等的相应领域。

电磁离合器是随着企业对精确控制、提高效率的生产需求而增加,试制产品过程中工件的结构灵活多变、具有转动速度高和产出快等方面的要求,用传统机械控制离合器的生产方式已经不能适应,因此出现了电磁离合器,电磁离合器的性能很好地满足了上述现代生产的要求;同时我们又在此基础上进行创新,由凸轮控制电磁离合器的通断电来实现其相应的功能。

(二)电磁离合器的分类

电磁离合器有许多形式:干式单片电磁离合器、干式多片电磁离合器、湿式多片电磁离合器、磁粉离合器、转差式电磁离合器等。电磁离合器工作方式又可分为通电结合和断电结合。

(三)凸轮控制式电磁离合器的工作原理

图9-3为凸轮控制式电磁离合器的传动简图。其主传动是由传动轴1通过斜齿轮2进行交错传递,轴承座3起到支撑作用,通过电磁离合器4间歇传递动力,蜗杆5和蜗轮6相互配合驱动蜗轮轴7进行转动,最终驱动分度盘9进行转动,卸荷装置8起到保护蜗轮轴不受径向力,凸轮10需经过修配才能和电磁离合器配合动作,控制自动钻床进给机构与分度盘的间歇配合。

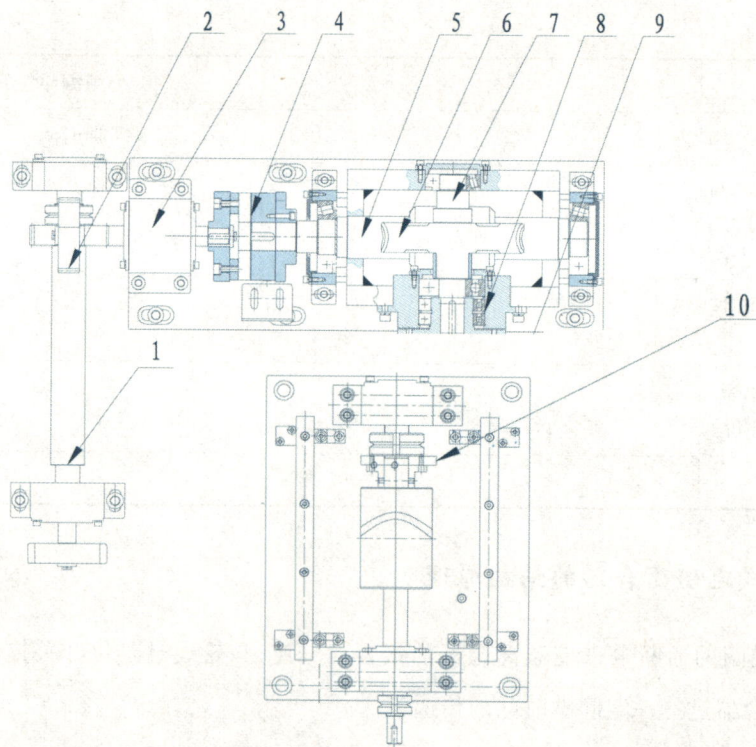

1. 传动轴　　2. 斜齿轮　　3. 轴承座　　4. 电磁离合器　　5. 蜗杆
6. 蜗轮　　7. 蜗轮轴　　8. 卸荷装置　　9. 分度盘　　10. 凸轮

图9-3　凸轮控制式电磁离合器与精密分度盘的传动简图

(四)凸轮控制式电磁离合器与精密分度盘的装配测量方案

由于自动钻床进给运动具有较高的位置要求,电磁离合器通断电的瞬间离合要承受很大的扭转力,所以凸轮在试车前必须进行修配并调整适当,保证钻夹头与分度盘上的工件相互垂直,电磁离合器的间隙要进行精确的调整,以实现离合器的正常工作。我们采用什么方法最为简单有效?测量方法可以有多种,可以选择不同的量具进行,我们实训过程中采用游标卡尺、深度卡尺、百分表进行测量。

七、电磁离合器间隙控制测量方法

在安装电磁离合器(如图9-4)的过程中,先调整轴承座的等高,然后检测电磁离合器之间的间隙,控制在0.3mm之内,确保不磨齿,离合效果好。

图9-4　电磁离合器

八、圆盘凸轮的修配与调整方法

圆盘凸轮需经过修配才能达到相应的技术要求。圆盘凸轮突出的一部分为其的1/4,通过圆盘突出的一部分控制限位开关的通断电,从而进一步控制电磁离合器的离合间歇时间,使分度盘的工作间歇时间与钻夹头的进给行程相互配合。可用小锉刀进行凸轮的修配,注意不可修配过量,修配好后进行试车,观察分度盘的转动时间与钻夹头的进给行程是否冲突,当钻夹头开始钻孔的时候,保持分度盘上的工件是静止且与钻头相互垂直,如果不是需再次或反复的修配,应达到相应的技术要求。

九、凸轮控制式电磁离合器与精密分度盘的安装与调试任务的实施

通过对凸轮控制式电磁离合器与精密分度盘模块的整体安装与调试后,进入凸轮安装调整的任务实施,可以让学生分组进行,有条件的可以2人一组进行考核,可以根据学生的装配熟练程度设定考核时间,考核前先将凸轮控制式电磁离合器和精密分度盘部分部件完全分离,并检查所有零件是否完好;如有缺损,事先补齐,最后进行考核计时。

(一)任务实施前准备

1. 检查技术文件、图纸和零件的完备情况。
2. 根据装配图纸和技术要求,确定装配任务和装配工艺。
3. 根据装配任务和装配工艺,选择合适的工具、量具。工具、量具摆放整齐,装配前量具应校正。
4. 对装配的零部件进行清理、清洗,去掉零部件上的毛刺、铁锈、油污等。

附:凸轮控制式电磁离合器与精密分度盘装配工具和量具清单,见表9-3。

表9-3　凸轮控制式电磁离合器与精密分度盘装配工具和量具清单

序号	工量具名称	型号/规格	数　量	备　注

序 号	工量具名称	型号/规格	数 量	备 注

(二)任务实施内容

装配凸轮、电磁离合器及分度盘的操作内容与步骤,见表9-4。

表9-4 装配凸轮、电磁离合器及分度盘的操作步骤

步 骤	示意图	说 明
第一步, 清理安装面		安装前务必用油石和棉布等清除安装面上的加工毛刺及污物
第二步, 蜗轮箱体及蜗轮、蜗杆、卸荷装置的安装	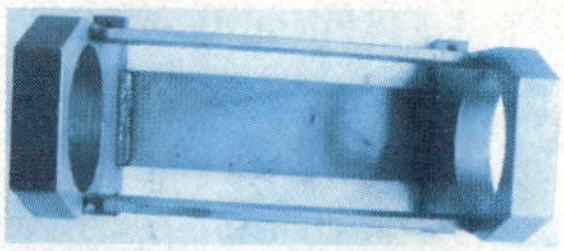 	1. 将蜗杆、轴承座先安装在底板的相应位置 2. 将分度箱体用螺丝从底板反面固定
		将蜗轮、蜗杆、卸荷装置安装在相应位置
		将分度盘安装在蜗轮轴上面

步　骤	示意图	说　明
第二步，蜗轮箱体及蜗轮、蜗杆、卸荷装置的安装		安装传动轴及斜齿轮
第三步，电磁离合器的安装与调整		将电磁离合器安装在相应的位置，并调整间隙及同轴度
		安装离合器电刷及电刷支架
第四步，凸轮的安装与调整		将凸轮安装在圆柱凸轮轴上，调整圆盘凸轮的相对位置，并对其进行修配，使分度盘的转动时间与钻头的工作时间相互配合
第五步，试车、检验和调整		试车，检验钻夹头的进给行程与分度盘的转动时间和角度是否能准确配合

（三）建议测量方案与工具、量具使用方法（见表9-5）

表9-5　建议测量方案与工具、量具使用方法

凸轮控制式电磁离合器装配检测工艺方案					
设备名称		部件名称		装配图号	
序号	装配检测内容	装配检测、调整方法		工艺装备	
				检具名称	精度等级
1	电磁离合器左右同轴度检测	通过百分表测量同轴度		百分表	0.05

凸轮控制式电磁离合器装配检测工艺方案					
设备名称		部件名称		装配图号	
序号	装配检测内容	装配检测、调整方法		工艺装备	
				检具名称	精度等级
2	支承块高度检测	测量工作台到电磁离合器轴承座高度		深度游标卡	0.05
3	电磁离合器间隙检测	用塞尺检查电磁离合器之间的间隙,应该控制在 0.03—0.04mm		塞尺	
4	检查圆盘凸轮与分度盘的配合间歇时间是否正常	检查圆盘凸轮的相应位置,保证自动钻床进给机构的进给行程与分度盘的转动时间相互吻合,即钻头开始钻孔的时候,分度盘上的工件是静止的		目测及标记测量	

注意事项:

1. 轴承安装时不可盲目敲击,应注意敲击部位,以免损坏轴承。

2. 每一根轴安装好后,应检查轴转动是否正常、平稳,以检验零件安装是否到位、符合要求。

3. 严格遵守安全文明操作规程。

(四)任务评价

1. 凸轮控制式电磁离合器与精密分度头部件的检测

精密分度头与凸轮控制式电磁离合器整体安装后,为了保证自动钻床顺利进行加工,必须对其各个部件的运行技术指标进行检测和监控,并与电气控制系统协调工作,机械机构动作完成与电气配合、安装信号元件、凸轮与电磁离合器的配合也必须一致,才能使分度盘与钻夹头协调工作。

2. 凸轮控制式电磁离合器与精密分度头的总体评价(见表9-6)

表9-6 任务评价记录表

评价项目	评价内容	分值	个人评价	小组互评	教师评价	得分
理论知识	掌握分度头与电磁离合器的工作原理、传动机构特点、功能和应用	25				
实践操作	会进行分度头的调整工作。 学会离合器间隙调整和装调。 凸轮的修配	40				
安全文明	遵守操作规程	5				
	职业素质规范化养成	5				
	7s整理	5				
学习态度	考勤情况	5				
	遵守实习纪律	5				
	团队协作	10				
	总得分	100				

续表

评价项目		评价内容	分值	个人评价	小组互评	教师评价	得分
成果分享	收获之处						
	不足之处						
	改进措施						

3. 凸轮控制式电磁离合器与精密分度头的调整

凸轮控制式电磁离合器与精密分度头整体安装后,必须安装好限位开关。本设备是根据限位开关检测运动部件是否到位,对运行技术指标进行检测和监控,必须按图纸要求的位置安装好限位开关信号元件。同时检测修配凸轮的外形轮廓已达到相关技术要求。最后,调整好凸轮的相对位置及外形轮廓后进行空车试运转。

通电试车前必须检查所有的环节。

检测钻夹头上的钻头是否超出行程范围,钻夹头与分度盘的配合间歇时间,保证在钻孔的过程中,分度盘是静止的,调整电磁离合器使分度盘起始点的位置居中。

了解实训装置的运作原理,学会设备的操作。开机时必须有老师在场,在老师同意的情况下实施操作。

项目十　工件夹紧装置的装配与调整

一、项目引入

在工件上加工出符合要求的形体有一个前提条件,那就是加工前必须将工件进行定位夹紧,这样才能保证工件受到切削力或其他力的作用时,位置不会发生变化,加工后能得到你所需要的形状。

但随着现代制造技术的不断进步,对加工精度、加工效率的要求也越来越高。为了适应技术的进步,就产生了专业夹具。夹具安装是一种先进的安装方式,既能保证质量,又能节省工时,对操作者的技能要求较低;但由于专业夹具的制作成本太高,所以只适用于成批大量的生产,对于半自动或者全自动生产特别适用。

(一)项目目标

1. 了解工件夹紧装置的工作原理。

2. 学会如何进行工件夹紧装置同轴度的调整。

3. 钻夹头与工件夹紧装置的配合与调整。

4. 能对常见故障进行判断分析。

(二)项目任务

1. 能够读懂工件夹紧装置的部件装配图。了解各个零件之间的装配关系,了解工件夹紧装置的运作过程、功能及工作原理。

2. 正确使用工具、量具测量工件夹紧装置工作台的同轴度。

(三)工件夹紧装置模块介绍

工件夹紧装置(如图10-1)模块,是由浙江天煌科技实业有限公司生产的THMDZP-2型机械装配技能综合实训平台。此模块安装在精密分度盘上。夹具整体旋转动力源于电磁离合器的传递,由蜗轮、蜗杆进行交错传递,进一步精确地控制分度转盘进行四分度转动。工件夹紧的原理是通过压紧凸轮进行控制,且在压紧凸轮上有一个凸轮旋柄,起到手动压紧和自动卸载的作用。

图 10-1　工件夹紧装置

二、相关知识链接

（一）工件夹紧装置的原理与特点

1. 工件夹紧装置的工作原理

工件夹紧装置的组成如图 10-2 所示，零件 2—9 组成夹紧组件，整体固定在夹具安装盘，形成一个可自动拆卸的系统。夹紧组件在夹具安装盘的位置已经确定，不需要进行位置的调整。

要加工的工件"7"放在"9"和"6"中间，转动"5"，通过"4"压紧"6"，即可将工件固定。当整个工件开始旋转时，"5"会碰到冲头，"4"会反转，这时工件就会自动脱落。

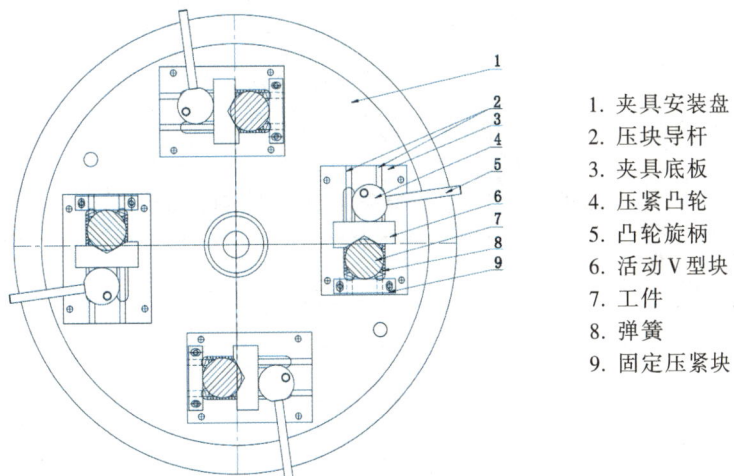

1. 夹具安装盘
2. 压块导杆
3. 夹具底板
4. 压紧凸轮
5. 凸轮旋柄
6. 活动 V 型块
7. 工件
8. 弹簧
9. 固定压紧块

图 10-2　工件夹紧装置组装图

2. 工件夹紧装置的结构组成和特点

从上述工作原理可以看出，工件夹紧装置一般由下列几部分组成。

（1）工作机构：指由夹紧组件组成的部分。其作用主要是将工件位置定好，确保在加工过程中不会发生移动。

（2）能源系统：夹紧组件的整体部分固定在夹具安装盘上，其由蜗轮、蜗杆带动控制分度盘进行转动。在整体旋转之时碰到冲头，其可自动进行解除压紧，使工件自动脱落。

（3）支撑部件：主要由压紧块、凸轮和凸轮旋柄组成，起到了压紧、解除压紧和半自动化的作用。

3. 工件夹紧装置的装配要点

第一，装配前的准备：装配前的准备工作内容较多，先读懂工件夹紧装置的装配图，理解工件夹紧装置的装配技术要求；了解零件之间的配合关系；检查零件的精度，特别是对配合要求较高的部位零件，检查是否达到加工要求；根据装配要求配齐所有零件，根据装配要求选用装配时所必需的工具。

第二，夹紧组件安装完成后，要先转动压紧凸轮，确认能够压紧工件，工件不会动。确认在转动的过程中，活动 V 型块滑行顺畅。若无问题，还需反转压紧凸轮，确认活动 V 型块在弹簧的作用下能够顺利弹起，不能有卡阻现象。

第三，当夹具安装盘已经和分度盘安装好，并已调整好同轴度，此时将夹紧组件安装在夹具安装盘上即可。

（二）夹紧组件的检测

（1）量具的要求：要能正确使用卡尺，检测其装配尺寸，确认其在图纸要求范围内。

（2）活动块的滑动：活动 V 型块装入夹具安装盘后，要保证通过压块导杆的滑动能够顺利。

（3）压紧凸轮的安装：压紧凸轮装入定位销后要能够正常旋转，不能出现无法压紧工件的现象。

（三）工件夹紧装置安装与调试任务实施内容

1. 任务实施前的准备

（1）检查技术文件、图纸和零件的完备情况。

（2）根据装配图纸和技术要求，确定装配任务和装配工艺。

（3）根据装配任务和装配工艺，选择合适的工具、量具，工具、量具摆放整齐，装配前量具应校正。

（4）对装配的零部件进行清理、清洗，去掉零部件上的毛刺、铁锈、油污等。

附：工件夹紧装置的装配工具、量具清单，见表10-1。

表10-1　工件夹紧装置的装配工具、量具清单

序 号	工量具名称	型号/规格	数 量	备 注

序号	工量具名称	型号/规格	数　量	备　注

2. 任务实施内容

工件夹紧装置的安装步骤和注意要点,见表10-2。

表10-2　工件夹紧装置的安装步骤

步　骤	示意图	说　明
第一步,清理安装面		安装前务必用油石和棉布等清除安装面上的加工毛刺及污物
第二步,压紧块部分的安装		将压块导杆穿过活动 V 型块,并将弹簧装在压块导杆上

步　骤	示意图	说　明
第二步,压紧块部分的安装		将固定压紧块锁在夹具底板上,并将活动V型块滑入底板。(此时要注意其配合度,要保证滑动顺利,不能有卡阻现象)
		将压块导杆锁紧在固定压紧块上
第三步,压紧凸轮和工件的安装		将凸轮旋转销锁入夹具底板上
		将凸轮旋柄锁入压紧凸轮中,压紧凸轮放到旋转销上

步　骤	示意图	说　明
第四步,将夹紧组件安装到夹具安装盘上		旋转压紧凸轮,将工件夹紧。(此时需将压紧凸轮反转,观察活动 V 型块弹起时是否会出现卡阻现象,若无即为正常)
		试车,检验钻夹头与打击器的进给位置是否能作用到工件上

注意事项:

第一,轴承安装时不可盲目敲击,应注意敲击部位,以免损坏轴承。

第二,严格遵守安全文明操作规程。

3. 工件夹紧装置的任务评价

根据各同学的完成情况,进行工件夹紧装置的认识实训评价。教师评价时可以采用提问方式逐项评价,可以事先发给学生思考题,让学生带着任务下实训室。

附:认识工件夹紧装置的工作任务评分表,见表10-3。

表10-3　认识工件夹紧装置的工作任务评分表

姓　名		小组编号	
设备名称		实训时间	
列举看到的零件、套件、组件和部件名称			
简单描述夹具组件的装配顺序			
简单描述工件夹紧装置的主要任务			
工件夹紧装置压紧及自动卸载的原理			
小组评价（对以上参观后描述的范围、准确性进行评价）			
教师评价			

项目十一　自动钻床进给机构的装配与调整

一、项目引入

随着现代制造技术的不断发展,机械传动机构的定位精度、导向精度和进给速度在不断提高,使传统的传动、导向机构发生了重大变化。直线导轨、凸轮的应用极大地提高了各种机械性能。直线导轨副以其独有的特性,逐渐取代了传统的滑动直线导轨,广泛地应用在精密机械、自动化、各种动力传输、半导体、医疗和航空航天等产业上。机械行业使用直线导轨,适应了现今机械对高精度、高速度、节约能源以及缩短产品开发周期的要求,已被广泛应用在各种重型组合加工机床、数控机床、高精度电火花切割机、磨床、工业用机器人乃至一般产业用的机械中。圆柱凸轮,能将回转运动转化为直线运动,或将直线运动转化为回转运动。其主要功能是将旋转运动转换成线性运动,或将扭矩转换成轴向往复作用力。

自动钻床工作台主要由直线导轨、圆柱凸轮、底板、中滑板、上滑板等构成。自动钻床的装配与调试,是对机床进给、传动系统等的仿真训练。

(一)项目目标

1. 了解圆柱凸轮的工作原理,理解自动钻床的工作方式。

2. 了解自动钻床的安装方式和装配工艺过程。

3. 学会调整轴承的间隙、两平行导轨的平行度。

4. 了解燕尾槽的调整方式。

5. 了解钻头与物料盘的垂直度与间隙距离。

6. 学会模块的安装,了解机械装配原理。

(二)项目任务

1. 能够读懂装配图纸,了解零件之间的安装关系,了解自动钻床的工作过程。

2. 理解图纸中的技术要求,根据技术要求和钻床的作用进行安装和调试。

3. 正确掌握两直线导轨的平行度安装与调整。

4. 圆柱凸轮两端的等高与直线导轨平行度的安装与调整。

5. 钻床与工作面的垂直度的调整。

6. 燕尾槽的调整。

（三）自动钻床进给机构介绍

自动钻床是浙江天煌科技实业有限公司生产的THMDZP-2型机械装配技能综合实训平台装置。它是机械自动的重要模块之一，它的工作原理是通过锥齿轮带动圆柱凸轮，圆柱凸轮带动上滑板往复运动，由旋转运动转换为直线运动。

二、相关知识链接

（一）介绍凸轮的工作原理

1. 凸轮的工作原理

主要通过实现往复运动和不均匀运动来运作。这章节主要介绍的是圆柱凸轮，圆柱凸轮主要是实现往复运动，带动转头进行往复运动，实现运动上面的匀速。

2. 圆柱凸轮的应用

（1）气阀杆的运动规律规定了凸轮的轮廓外形。当矢径变化的凸轮轮廓与气阀杆的平底接触时，气阀杆产生往复运动；而当以凸轮回转中心为圆心的圆弧段轮廓与气阀杆接触时，气阀杆将静止不动。因此，随着凸轮的连续转动，气阀杆可获得间歇性的、按预期规律的运动。

（2）当圆柱凸轮回转时，凹槽侧面迫使摆动从动件摆动，从而驱使与之相连的刀架运动。至于刀架的运动规律，则完全取决于凹槽的形状。

（二）直线导轨

直线导轨现在运用很广泛，在高精密的设备上随处可见，能够达到运动精度和位置精度，可以更好地调节平行度，使其在运动的时候没有滑移，没有卡死现象。

随着现代制造技术的不断发展，使得传统的制造业发生了巨大的变化，数控技术、机电一体化和工业机器人在生产中得到了更加广泛的应用。同时机械传动机构的定位精度、导向精度和进给速度在不断提高，使传统的导向机构发生了重大变化。自1973年开始商品化以来，滚动直线导轨副以其独有的特性，逐渐取代了传统的滑动直线导轨，在工业生产中得到了广泛的应用，适应了现今机械对于高精度、高速度、节约能源以及缩短产品开发周期的要求，已被广泛应用在各种重型组合加工机床、数控机床、高精度电火花切割机、磨床、工业用机器人乃至一般产业用的机械中。

1. 滚动直线导轨副的性能特点

（1）定位精度高。滚动直线导轨的运动借助钢球滚动实现，导轨副摩擦阻力小，动静摩擦阻力差值小，低速时不易产生爬行。重复定位精度高，适合做频繁启动或换向的运动部件。可将机床定位精度设定到超微米级。同时根据需要，适当增加预载荷，确保钢球不发生滑动，实现平稳运动，减小运动的冲击和振动。

（2）磨损小。对于滑动导轨面的流体润滑，由于油膜的浮动，产生的运动精度误差是无法避免的。在绝大多数情况下，流体润滑只限于边界区域，由金属接触而产生的直接摩擦是无法避免的。在这种摩擦中，大量的能量以摩擦损耗的形式被浪费掉了。与之相反，滚动接触由于摩擦耗能小，滚动面的摩擦损耗也相应减少，故能使滚动直线导轨系统长期处于高精度状态。同时，由于使用润滑油也很少，这使得在机床的润滑系统设计及使用维护方面都变得非常容易。

（3）适应高速运动且大幅降低驱动功率。采用滚动直线导轨的机床由于摩擦阻力小，可使所需的动力源、动力传递机构小型化及驱动扭矩大大减少,使机床所需的电力降低80%,节能效果明显。可实现机床的高速运动,提高机床20%—30%的工作效率。

(4)承载能力强。滚动直线导轨副具有较好的承载性能,可以承受不同方向的力和力矩载荷,如承受上下左右方向的力,以及颠簸力矩、摇动力矩和摆动力矩。因此,其具有很好的载荷适应性。在设计制造中加以适当的预加载荷可以增加阻尼,以提高抗震性,同时可以消除高频振动现象。而滑动导轨在平行接触面方向可承受的侧向负荷较小,易造成机床运行精度不良。

(5)组装容易并具互换性。传统的滑动导轨必须对导轨面进行刮研,既费事又费时;且一旦机床精度不良,必须再刮研一次。滚动导轨具有互换性,只要更换滑块或导轨或整个滚动导轨副,机床即可重新获得高精度。

如前所述,由于滚珠在导轨与滑块之间的相对运动为滚动,可减少摩擦损失。通常滚动摩擦系数为滑动摩擦系数的2%左右,因此采用滚动导轨的传动机构远优越于传统滑动导轨。

2. 滚动直线导轨副的选用方法

滚动直线导轨副具有承载能力大、接触刚性高、可靠性高等特点,主要在机床的床身、工作台导轨和立柱上、下升降导轨上使用。我们在使用时可以根据负荷大小,受载荷方向、冲击和振动大小等情况来选择。

(1)受力方向。由于滚动直线导轨副的滑块与导轨上通常有四列圆弧滚道,因此能承受四个方向的负荷和翻转力矩。导轨承受能力随滚道中心距增大而加大。

(2)负荷大小。滚动直线导轨不同的规格有着不同的承载能力,可根据承受负荷大小选择。为使每副滚动直线导轨均有比较理想的使用寿命,可根据所选厂家提供的近似公式计算额定寿命和额定小时寿命,以便给定合理的维修和更换周期。还要考虑滑块承受载荷后,通过每个滑块滚动阻力的影响,进行滚动阻力的计算,以便确定合理的驱动力。

(3)预加负载的选择。根据设计结构的冲击、振动情况以及精度要求,选择合适的预压值。

3. 滚动直线导轨副的现状

目前,国外生产滚动直线导轨副的厂商主要集中在美国、英国、德国及日本等国家。国内在滚动直线导轨副的制造方面还处于初始阶段,与国外相比,仍有差距,主要表现为:品种少、产量小、使用寿命低,噪音大,加工工艺也不如国外先进。以南京工艺装备制造厂、广东凯特精密机械有限公司为代表的国内企业,正在努力缩小这种差距,它们的部分产品已经具有国际先进水平。

4. 直线滚动导轨副的发展趋势

滚动直线导轨副的新类型、新功能目前在不断涌现,并正在向组合化、集成化、高速、低噪音、智能化方向发展。

(1)用滚珠保持的滚动直线导轨副。THK公司采用滚珠保持架与滚珠构成一体,保持滚珠平稳地进行循环运动,消除了滚珠间的相互摩擦,开发了噪声低、免维修、寿命长、速度可达300m/min的超高速直线运动的SSR导轨副,并已开始推广。该导轨副实现了100m/min,运动速度下噪声小于50dB,摩擦波动幅度减少到以往产品的1/5。另外,通过了一次加油脂2cm³,运行2800km的试验。今后带滚珠保持架的直线运动导轨副将逐渐成为高档数控机床选用的主流。

(2)直线电动机和直线导轨并用。采用一体化直线电动机的滑台系统具有结构紧凑、运行中动力大的特点。同时滑台系统的定位精度也有所提高。SKF直线系统有限公司与Pratec直线电动机制造厂进行合作,并于1996年开始推广一体化的直线电动机滑台系统产品。

HIWIN智慧型PG系列直线导轨。PG系列整合线性滑轨及编码器于一体,大幅增加空间效益,兼具线性滑轨高刚性及磁性编码器高精度之优点。内藏式尺身及感应读头,不易受外力破坏。信号感应属非接触性,产品寿命长,可做长距离之量测(磁性尺身部分可达30m)。量测特性不因含油、水、粉尘及切削屑之恶劣工作环境而改变,另对震动、噪音及高温之环境亦可胜任。分辨率佳,安装容易。

(3)混合工作台。日本研制了一种新型的滚动直线导轨副工作台,它具有一套滑动电磁块装置,可在定位加工时吸到导轨上以增加摩擦力,从而提高系统的抗震性能,所以它又被称为混合工作台。

新材料制造的滚动直线导轨副。由于用户要求的多样化及使用环境的不同,出现了用新材料制造的滚动直线导轨副。例如,采用不锈钢制作的产品,其导轨轴、滑块、钢球、密封端和保持器均采用不锈钢材料制作,而反向器采用合成树脂,故耐腐蚀性高。对于要求高温和真空用途时,反向器可以采用不锈钢材。此外,用陶瓷材料制造的滚动直线导轨副将会得到开发应用。

目前,在恶劣环境即高粉尘浓度、强酸、强碱和高腐蚀场合使用直线导轨还有一定的局限性。但随着直线导轨技术的日益完善,直线导轨具有高速性与控制性等诸多突出的优点,以及丰富的类型和功能。可以预期,此机构作为一个功能部件将越来越多地被用在数控机床等机械设备上。

三、燕尾槽的工作原理

燕尾槽是一种机械结构,槽的形状是∠,它的作用通常是做机械相对运动,运动精度高且稳定。燕尾槽常和梯形导轨配合使用,起导向和支撑作用,在机床的拖板上经常使用。调节燕尾斜铁可以调节燕尾与下面板的配合度。

附:自动转床进给机构的装配工具和量具清单,见表11-1。

表11-1 自动转床进给机构的装配工具和量具清单

序号	工量具名称	型号/规格	数 量	备 注

序　号	工量具名称	型号/规格	数　　量	备　　注

四、设备装配与调试

自动钻床结构在装配过程中有不同的位置要求和精度要求，在装配过程中需要调整它们的位置精度和行为误差，以达到生产水平的要求。自动钻床的安装调试有以下几个要点：

1. 装配前的准备工作内容较多。首先要读懂自动钻床模块的装配图，理解装配技术要求；了解零件之间的配合关系；检查零件的精度，特别是对配合要求较高的部位零件，检查是否达到加工要求；按装配要求配齐所有零件，根据装配要求选用装配时必需的工具。

2. 安装时，需要从下往上一步一步地安装，先难后易安装。自动钻床先安装底板，找到基准面，再安装上面两平行直线导轨，通过量具调整导轨与基准面的平行度，先以底板的基准面为基准用百分表从一边到另一边依次测量过去，使导轨与基准面平行后，拧紧螺钉。安装好一根导轨后，再安装第二根导轨。以已安装的导轨为基准，用百分表测量第二根导轨的平行度，和安装第一根导轨的安装方式相同，确定后打紧螺钉。

3. 安装圆柱凸轮，调整圆柱凸轮两端的等高与导轨的平行度。选择合适的工具，使两轴承座中心线等高，圆柱凸轮与导轨平行。

4. 安装完成后，调整好平行滑块的位置，安装等高块。

5. 调整好等高块后，安装上滑板和燕尾槽，并与电机座的燕尾槽配合，调整钻头到料盘的距离，固定好后用斜铁调整燕尾槽之间的间隙。

6. 在安装完成后，用表测量调整钻头与料盘的垂直度和距离的间隙，调整电机的行为误差和距离误差，以达到生产要求。

五、自动钻床模块

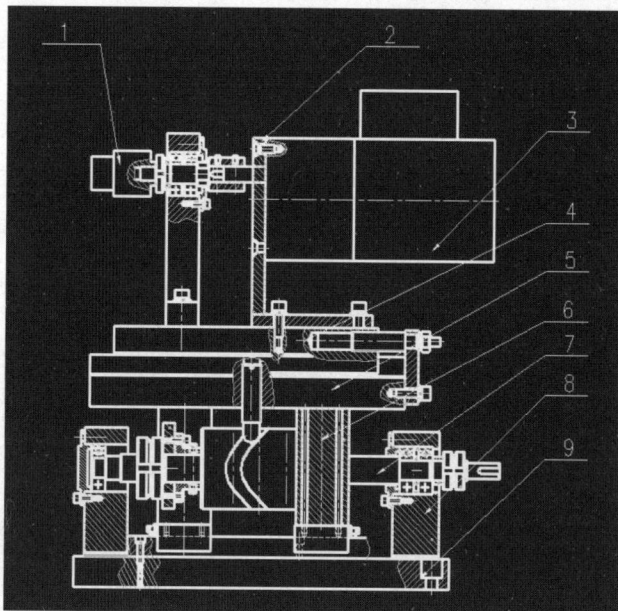

1. 钻夹头　　2. 电机座　　3. 电机　　4. 电机固定板　　5. 中滑板
6. 等高块　　7. 圆柱凸轮　　8. 轴承座　　9. 底板

图 11-1　自动钻床模块

六、注意事项

1. 各相关零件清洗干净,放置规范,严禁随意摆放。

2. 各零部件安装正确合理,切勿用榔头直接敲击,以防各零部件变形和表面损伤。

3. 工具、量具使用规范合理,不可乱摆乱放。

4. 摇动手柄转动同步轮,仔细观察各个部件是否运行正常,冲压机构是否运转灵活,确保无卡阻现象,在滑动部分加少许润滑油。

5. 严格遵守安全文明操作规程。

七、任务评价

根据学生的完成情况,进行自动钻床的装配实训评价。教师评价时可以采用提问方式逐项评价,可以事先发给学生思考题,让学生带着任务下实训室。

附:自动钻床工作任务评分表,见表11-2。

表 11-2　自动钻床工作任务评分表

姓　名		小组编号	
设备名称		实训时间	
列举看到的零件、套件、组件和部件名称			
简单描述某一部件或机器的装配顺序			
列举看到的模具装配和调试的测试仪器(或工具)、试验设备(或量具)各五项以上			
简单描述模具装配和调试的主要任务			
小组评价(对以上参观后描述的范围、准确性进行评价)			
教师评价			

项目十二　自动打标机与齿轮齿条连杆机构的装配与调整

一、项目引入

自动打标模块与齿轮齿条连杆机构的链接组合成为一个连贯的机械自动化的动作,提高了机械传动,实现了机械自动,主要是由旋转运动转换成为直线运动,有齿轮齿条的传动,更加牢靠地解决了运动方向的改变问题。

再由直线运动改变为连杆机构的运动,抬高离合器的控制杆,实现冲击的冲压。齿轮齿条连杆机构由可调圆盘、链接杆、轴、轴承、轴承座、齿条、齿轮和摆杆组成。

打标机由电机、齿轮、离合器、曲轴、轴瓦、导轨、球头杆、刹车套等零件组成。

(一)项目目标

1. 了解齿轮齿条连杆机构的工作原理,理解自动打标机的工作方式。

2. 了解自动打标机与齿轮齿条连杆机构的装配工艺过程。

3. 学会调整可调圆盘的间距、齿轮齿条的安装方式。

4. 了解摇杆的运动曲线,调节摇杆与离合器控制杆的连接。

5. 了解离合器并调节好离合器。

6. 调节曲轴刹车套的张紧度。

7. 了解曲轴的工作原理。

8. 调整好自动打标机上面平行导轨的平行度。

9. 调节冲头与料盘的平行度和物料的距离。

(二)项目任务

1. 能够读懂装配图纸,了解零件之间的安装关系,了解自动打标机与齿轮齿条连杆机构的工作过程,调节它们之间的运动关系。

2. 理解图纸中的技术要求,根据技术要求和自动打标机与齿轮齿条连杆机构的作用进行安装和调试。

第一,两直线导轨的平行度安装与调整。

第二,齿轮齿条的安装与调整。

第三,摇杆的运动曲线,调节摇杆与离合器控制杆的连接。

第四,离合器的调整。

第五,刹车套的张紧调整。

第六,打标头与料盘的平行以及物料垂直度的调整。

(三)自动打标模块与齿轮齿条连杆机构简介

自动打标机与齿轮齿条连杆机构,是浙江天煌科技实业有限公司生产的THMDZP-2型机械装配技能综合实训平台。它是机械自动化的重要模块之一,它的工作原理是通过万向联轴器带动可调圆盘,圆盘带动调节杆,调节杆带动齿条运动,齿条运动带动齿轮转动同时带动摇杆机构运动,摇杆机构上面的杆推动离合器控制杆,实现冲击打标。

二、离合器的工作原理与应用

离合器分为电磁离合器、磁粉离合器、摩擦离合器和液力离合器等四种。

电磁离合器可分为干式单片电磁离合器、干式多片电磁离合器、湿式多片电磁离合器、转差式电磁离合器等。

液力离合器:用流体(一般用油)作为传动介质,与机械式离合器相比,除传动特性有变化以外,还吸收因主动轴和从动轴转动而产生的振动和冲击。

磁粉离合器:在主动与从动件之间放置磁粉,不通电时磁粉处于松散状态,通电时磁粉结合,主动件与从动件同时转动。优点:可通过调节电流来调节转矩,允许较大滑差。缺点:较大滑差时温升较大,相对价格较高。

摩擦离合器:是应用得最广、也是历史最长久的一类离合器。它基本上是由主动部分、从动部分、压紧机构和操纵机构四部分组成。主、从动部分和压紧机构是保证离合器处于接合状态并能传动动力的基本结构,而离合器的操纵机构主要是使离合器分离的装置。在分离过程中,踩下离合器踏板,在自由行程内首先消除离合器的自由间隙,然后在工作行程内产生分离间隙,离合器分离。在接合过程中,逐渐松开离合器踏板,压盘在压紧弹簧的作用下向前移动,首先消除分离间隙,并在压盘、从动盘和飞轮工作表面上作用足够的压紧力;之后分离轴承在复位弹簧的作用下向后移动,产生自由间隙,离合器接合。

它运用的范围比较广泛,汽车制造、航空航天业、轮船生产等设备上都有体现,实现高速分离,制动调节的功能。自动钻床上面主要采用的是六角凸轮式离合器,使用的是制动结合。六角式凸轮装置运转时,当卡住六角凸轮上面的台阶时,离合器里面的滚珠转动,使外面旋转轮与里面的从动轴进行分离,实现相对运动,达到随时停止制动的效果。

三、曲轴的工作原理与应用

曲轴:引擎的主要旋转机件,装上连杆后,可承接连杆的循环(旋转)运动变成上下(往复)运动,是发动机上的一个重要机件。其是由碳素结构钢或球墨铸铁制成的,有两个重要部位:主轴颈和连杆颈。主轴颈被安装在缸体上,连杆颈与连杆大头孔连接,连杆小头孔与汽缸活塞连接,是一个典型的曲柄滑块机构。曲轴的润滑主要是指与连杆大头轴瓦与曲轴连杆颈的润滑和两头固定点的润滑。曲轴的旋转是发动机的动力源,也是整个机械系统的原动力。曲轴的应用主要是把旋转运动实现高度差的运动方式,让旋转运动转化为快速地往复运动,产生一定的冲击力,在冲床、汽车的发动机上面都有很大的体现和作用。

自动打标机与齿轮齿条连杆机构,在装配过程中有不同的位置要求和精度要求,在装配过程中需要调整他们的位置精度和行为误差,以达到生产水平的要求。自动打标机与齿轮齿条连杆机构的安装调试有以下几个要点:

1. 装配前的准备工作内容较多。先要读懂自动打标机与齿轮齿条连杆机构的装配图,理解装配的技术要求;了解零件之间的配合关系;检查零件的精度,特别是对配合要求较高的部位零件,检查是否达到加工要求;按装配要求配齐所有零件,根据装配要求选用装配时必须用到的工具。

2. 安装时,需要从下往上一步一步安装,先难后易进行安装。安装齿条的定位装置,限制齿条的窜动,再安装齿轮,调节齿轮与齿条的间隙。

3. 安装万向节轴上的可调圆盘,调整好圆盘上的距离,用调节杆连接好齿条与可调圆盘,可调杆是一端左旋螺纹,一端右旋螺纹连接。拧动可调杆可以使齿条与圆盘的距离同时增大或减小。

4. 安装摇杆机构,调整合适的位置,安装拨动杆。

5. 安装自动打标模块,先安装电机到侧板上面,再把两定位杆与左右侧板连接起来。

6. 安装平行导轨,以侧板的基准面为准,用量具测量平行导轨的平行度,然后固定导轨从一端到另外一端。再以这根导轨为基准,用量具测量第二根导轨的平行度,使两个导轨平行。

7. 安装曲轴,注意轴承套内角接触轴承的安装方式,选择好对应的隔环,调整角接触轴承的游隙。

8. 安装曲轴限位套,使曲轴旋转时不能产生相对移动,调节限位套的张紧。

9. 安装离合器与离合器抬杆。安装离合器时候调整六角凸轮的位置,使曲轴调整到最远处。

10. 安装轴瓦、球头调节杆与打标头,调整标头到物料的距离,旋转球头杆使其调整到合适的部位。

11. 调整打标头与料盘的平行度,然后固定好自动打标机。

12. 调整摇杆与离合器抬杆的高度,使摇杆转动一次正好在最高点抬起离合器抬杆,使离合器合上。

附:自动打标机与齿轮齿条连杆机构的装配工具和量具清单,见表12-1。

表12-1　自动打标机与齿轮齿条连杆机构的装配工具和量具清单

序号	工量具名称	型号/规格	数　量	备　注

序 号	工量具名称	型号/规格	数 量	备 注

四、注意事项

1. 装配工具的正确使用。

2. 机构的正确调整。

3. 严格遵守安全文明操作规程。

五、自动打标机与齿轮齿条连杆机构模块

1. 齿轮齿条连杆机构(如图12-1)

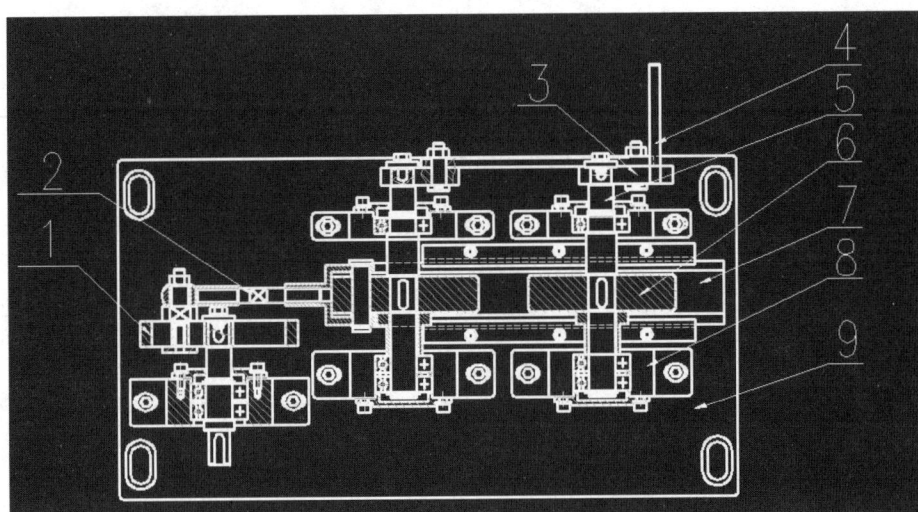

1. 可调圆盘
2. 左旋右旋调节杆
3. 摇杆机构杆
4. 拨动杆
5. 轴
6. 齿轮
7. 齿条
8. 轴承座
9. 底板

图12-1　齿轮齿条连杆机构

2. 自动打标机模块(如图 12-2)

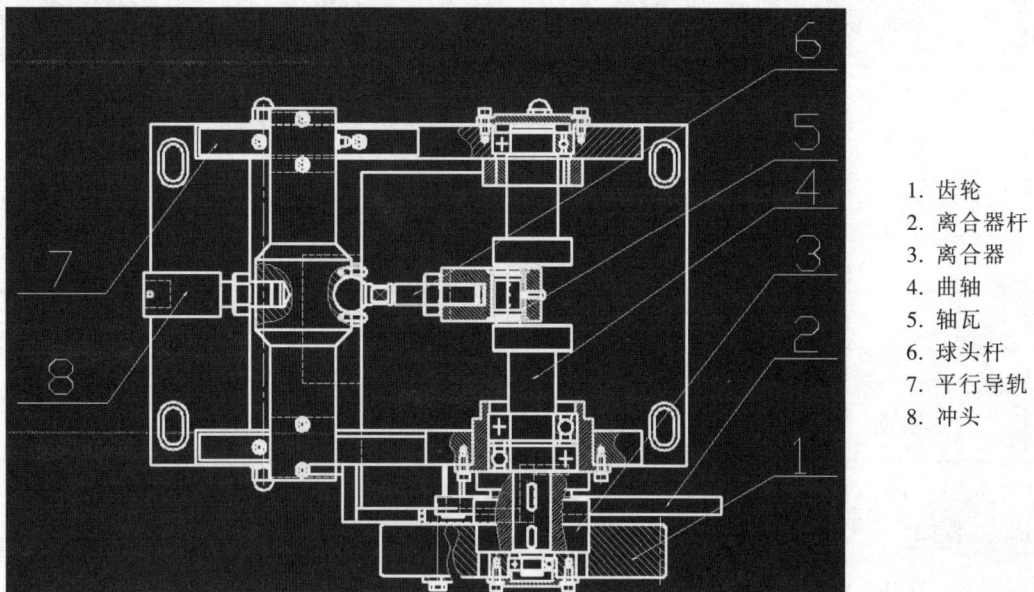

1. 齿轮
2. 离合器杆
3. 离合器
4. 曲轴
5. 轴瓦
6. 球头杆
7. 平行导轨
8. 冲头

图 12-2　自动打标机模块

六、任务评价

根据学生的完成情况,进行自动打标机与齿轮齿条连杆机构模块的装配实训评价。教师评价时可以采用提问方式逐项评价,可以事先发给学生思考题,让学生带着任务下实训室。

附:自动打标机与齿轮齿条连杆机构模块工作任务评分表,见表 12-2。

表 12-2　自动打标机与齿轮齿条连杆机构模块工作任务评分表

姓　名		小组编号	
设备名称		实训时间	
列举看到的零件、套件、组件和部件名称			
简单描述某一部件或机器的装配顺序			
列举看到的模具装配和调试的测试仪器(或工具)、试验设备(或量具)各五项以上			
简单描述模具装配和调试的主要任务			
小组评价(对以上参观后描述的范围、准确性进行评价)			
教师评价			

项目十三　机械设备的调试、运行及试加工

一、项目引入

随着现代制造技术的不断发展,机械设备整体装配、调试、操作的人才需求量大幅增加。

本设备以实际工作任务为载体,根据机械设备的装配过程及加工过程中的特点划分工作实施过程,分部件装配及调整、整机装配及调整、试加工等职业实践活动,着重培养学生机械装配技术所需的综合能力。

(一)项目目标

1. 了解电磁离合器、蜗轮、蜗杆、联轴器、凸轮、万向节、分度头、钻床、打标机构等的工作原理。

2. 了解整体设备的装配工艺过程。

3. 了解各个模块的工作方式。

4. 学会电磁离合器装配与间隙调整:齿轮间隙调整、轴承座等高的调整、凸轮的调整、分度盘的调整、自动打标机构的调整、齿轮齿条连杆机构的调整、变速箱的调整。

5. 能对常见故障进行判断分析。

(二)项目任务

1. 能够读懂"机械装配技能综合实训平台"整体部件的装配图。了解各个零件之间的装配关系,了解各个模块之间的动作过程和功能。

2. 理解图纸中的技术要求,根据技术要求进行零部件的安装和调整。

3. 正确掌握各个模块的调整方法和调整步骤。

4. 正确使用工具、量具。

5. 会安装各个模块,并达到使用要求。

(三)机械装配技能综合实训平台介绍

机械装配技能综合实训平台,是由浙江天煌科技实业有限公司生产的、2014年全国职业院校技能大赛中职组"机械装配技术"赛项唯一指定竞赛设备,即THMD2P-2型机械装配技能综合实训平台。

本实训平台依据机械类、机电类中等职业学校相关专业教学标准,紧密结合行业和企业需求而设计。该平台操作技能对接国家职业标准,贴合企业实际岗位能力要求,如《机械设备安装工国家职业标准》《机修钳工》《组合机床操作工国家职业标准》;平台可以用工业现场的典型任务为实践项目,以实现项目式教学,

便于学生在"做中学、学中做",具有可操作性和实用性。通过完成机械设备识图与装配工艺的编写,零部件装配及调整,组合机床、典型机床及机床部件的装配与调整,装配质量检验和设备的调试、运行与试加工等,提高学生综合职业能力,对中职加工制造类专业机械装配实训室建设起到示范和引领作用。

THMDZP-2型机械装配技能综合实训平台,主要由实训台、变速动力箱、精密分度头、工件夹紧装置、自动钻床进给机构、自动打标机构、联轴器、电磁离合器、齿轮齿条连杆机构、装配及检测工具等部分组成。其是2014年全国职业院校技能大赛中职组"机械装配技术"赛项唯一指定竞赛设备,如图13-1所示。

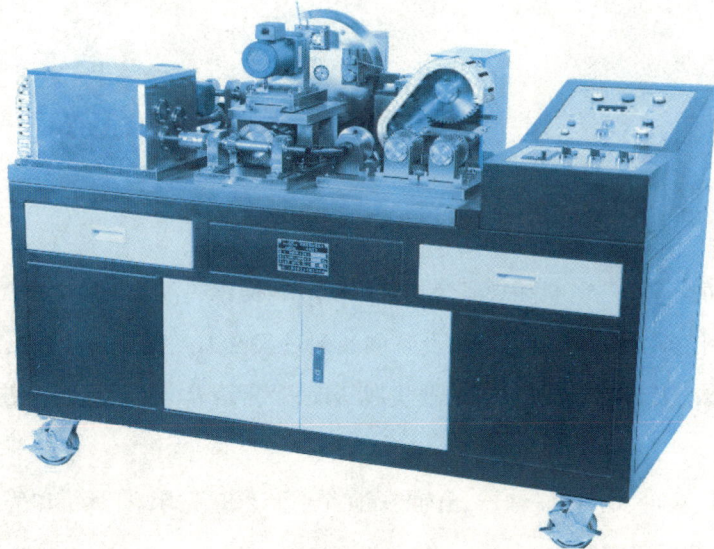

图13-1　THMDZP-2型机械装配技能综合实训平台

二、机械装配技能综合实训平台的模块介绍

(一)机械装配技能综合实训平台的工作原理

机械装配技能综合实训平台(如图13-2),由动力箱、凸轮控制式电磁离合器、精密分度头、自动钻床进给机构、齿轮齿条连杆机构、自动打标机构、信号电路控制区域、钳工台、工量具等组成。

变速动力箱给设备提供两路传动动力,一路动力通过电磁离合器的开合控制精密分度头的四分度,在精密分度头的工作台上安装四个偏心轮夹紧夹具,在分度头分度过程中工件自动送料,由偏心轮夹紧方式的夹具使工件夹紧,加工完的工件通过凸轮旋柄档杆,使偏心轮夹紧夹具松开,把工件落到料盘里;一路通过弹性联轴器连接锥齿轮轴。锥齿轮分配器又分为两路传动,一路由锥齿轮、圆柱凸轮带动自动钻床实现进给、退刀功能;圆柱凸轮轴上安装有可调的盘形凸轮、限位开关装置,可控制电磁离合器的工作状态,使分度头与自动钻床、自动打标机构配合动作;另一路由双万向联轴器、齿轮齿条连杆机构控制自动打标机构的圆锥滚子离合器,自动打标机构由三相异步电机带动曲轴实现钢印敲打的功能。

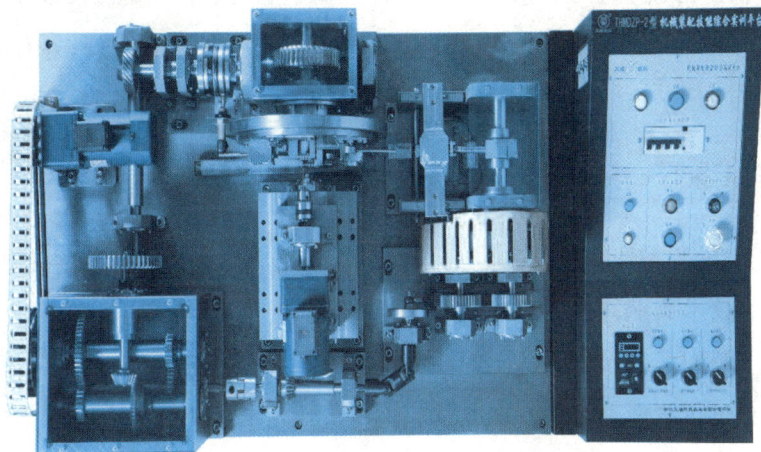

图 13-2　机械装配技能综合实训平台的组成

三、机械装配技能综合实训平台的结构组成和特点

从上述工作原理可以看出,机械装配技能综合实训平台一般由下列几部分组成。

1. 工作机构:电磁离合器、分度头、钻机头、打标部件等。其主要使动力源提供的动力转化为设备所需的旋转力、进给力、冲击力等,实现产品的合格输出。

2. 传动系统:一般由蜗轮、蜗杆、传动轴、齿轮、联轴器、万向节等组成。其作用是传递动力源的运动和能量。

3. 能源系统:由电动机等组成。

4. 支承部件:主要由蜗轮蜗杆箱体、轴承座、变速箱、支撑板等组成。它支撑了传动部件的工作位置,保证各个模块的精确配合。

5. 电路信号控制区域:主要有总电源开关、电机开关、急停开关、调速器等零部件。

四、机械装配技能综合实训平台的装配要点

"机械装配技能综合实训平台"的装配与调试有以下几个要点。

1. 装配前的准备工作内容较多。先读懂整体与分部模块的装配图,理解整体设备与分部模块的装配技术要求;了解零件、模块之间的配合关系;检查零件的精度,特别是对配合要求较高的部位零件,检查是否达到加工要求;按装配要求配齐所有零件,根据装配要求选用装配时所必需的工具。

2. 按照模块进行安装,各个模块安装完成后固定在实训平台上面。

3. 各个模块固定后,对各个模块进行线路连接。

4. 线路连接后进行试运行,观察线路是否正常,观察各个零件、模块之间配合运动是否顺畅,有无卡阻现象。

五、机械装配技能综合实训平台的安装与调试任务实施

通过"机械装配技能综合实训平台"的整体安装与调试后,便进入整体安装调整的任务实施阶段,可以

让学生分组进行,有条件的可以2人一组进行考核,可以根据学生的装配熟练程度设定考核时间。考核前先将"机械装配技能综合实训平台"部分部件完全分离,并检查所有零件是否完好,如有缺损,事先补齐;最后进行考核计时。

六、任务实施前准备

1. 检查技术文件、图纸和零件的完备情况。

2. 根据装配图纸和技术要求,确定装配任务和装配工艺。

3. 根据装配任务和装配工艺,选择合适的工具、量具。工具、量具摆放整齐,装配前量具应校正。

4. 对装配的零部件进行清理、清洗,去掉零部件上的毛刺、铁锈、油污等。

附:机械装配技能综合实训平台装配工具和量具清单,见表13-1。

表13-1　机械装配技能综合实训平台装配工具和量具清单

序号	工量具名称	型号/规格	数　量	备　注

七、任务实施内容

机械装配技能综合实训平台的操作内容与步骤,见表13-2。

表 13-2　机械装配技能综合实训平台的操作步骤

步　骤	示意图	说　明
第一步,清理实训台安装面		安装前务必用油石和棉布等清除实训台安装面上的加工毛刺及污物
第二步,变速动力箱模块的安装与调整		1. 将变速动力箱模块按照模块装配图装配完成 2. 将变速动力箱模块整体固定在实训平台上
第三步,电磁离合器与精密分度头的安装与调整		1. 将电磁离合器与精密分度头模块按照装配图装配完成 2. 将电磁离合器与精密分度头模块整体固定在实训平台上
第四步,自动钻床进给机构的安装与调整		1. 将自动钻床进给机构按照模块装配图装配完成 2. 将自动钻床进给机构整体固定在实训平台上
第五步,锥齿轮机构的安装与调整		1. 将锥齿轮机构模块按照模块装配图装配完成 2. 将锥齿轮机构整体固定在实训平台上
第六步,齿轮齿条连杆机构的安装与调整		1. 将齿轮、齿条连杆机构按照模块装配图装配完成 2. 将齿轮、齿条连杆机构整体固定在实训平台上

续表

步　骤	示意图	说　明
第七步,自动打标模块的安装与调整		1. 将自动打标模块按照模块装配图装配完成 2. 将自动打标模块整体固定在实训平台上
第八步,机械装配技能综合实训平台整体的调整		1. 调整各个模块之间的配合间隙,使之运转顺畅,无卡阻现象 2. 实现合格产品的输出

八、机械装配技能综合实训平台整体的调整

机械装配技能综合实训平台整体安装好后,必须调整各个模块之间的传动间距,各个模块之间的工作间歇时间要精确配合,各个模块的底板可以调整它们的相对位置,调整点有调整轴承座、凸轮、调速器、齿轮间隙、打标头、钻夹头、蜗轮蜗杆、齿轮齿条连杆等。通过调整以上各个点,实现各个模块的相互运动及产品的输出。

通电试车前必须检查所有的环节。检查钻夹头上的钻头是否超出行程范围,钻夹头与分度盘的配合间歇时间,电磁离合器的间隙是否合适,轴承座是否等高,分度盘的分度是否到位,打标头的行程及调整,齿轮之间的间隙调整,分度盘上的工件位置与钻夹头、打标头的相对位置是否垂直。

了解实训装置的动作原理,学会设备的操作。开机时必须有老师在场,在老师同意的情况下实施操作。

九、注意事项

1. 实训工作台应放置平稳,平时应注意清洁,长时间不用时最好加涂防锈油。
2. 实训时长头发学生需要戴防护帽,不准将长发露出帽外,不准穿裙子、高跟鞋、拖鞋、风衣、长大衣等。
3. 装置运行调试时,不准戴手套、长围巾等,其他佩戴饰物不得外露。
4. 实训完毕后,及时关闭各电源开关,整理好实训器件并放入规定位置。
5. 严格遵守安全文明操作规程。

附录一　机械装配技术任务书
注意事项(一)

一、注意事项

1. 本试卷总分为100分,考试时间为4小时。

2. 请首先按要求在试卷上填写您的准考证编号、工位号等信息,不要在试卷上乱写乱画。

3. 选手在竞赛过程中应遵守竞赛规则和安全操作规程,如有违反按照相关规定处理。

4. 在竞赛过程中,备注项中有"✋"标记的,表示选手已完成该项目内容,示意裁判,在裁判的监督下测量出数值并用黑色水笔记录,该数值只有一次测量机会,一经确定不得修改,作为该项目的评分依据。表格中的数据文字,涂改后无效。

5. 试车时必须得到裁判的允许后,才能通电试运行;若装配不完整,则不允许试运行,试车项不得分。

6. 在测量过程中,如裁判发现选手的测量方法或选用量具不合理、不正确,可判定该项目未完成、并且不得分。

7. 所有项目的监督检测时间都纳入竞赛时间,不另行增加时间。

8. 未经裁判核实的数据都是无效数值,该项目不得分。

9. 选手应合理安排装调工作的顺序和时间。

二、具体任务及要求

(一)装配前的准备工作

1. 分析图纸及任务书,根据图纸及任务书准备工具和量具。

2. 工具和量具、零部件等放置有序。

3. 根据图纸清点零件,并对零件进行清理。

(二)部件的装配与调试

1. 精密分度头模块

(1)完成精密分度头模块的装配与调试。

(2)确保装配过程中装配工艺合理、装配方法正确。

(3)装配调试后需达到如下要求。

调整蜗杆轴的轴向窜动≤0.03mm,蜗轮与蜗杆的齿侧间隙0.03mm≤x≤0.08mm。

调整牙嵌式电磁离合器离的同轴度≤0.04mm,左右两部分配合间隙0.3mm≤x≤0.5mm。

调整斜齿轮2与斜齿轮1之间的齿侧间隙0.03mm≤x≤0.08mm。

装配调整好精密分度头模块和牙嵌式电磁离合器,使离、合顺畅自如,无联动或离合跳齿现象。

调整四个夹具,在偏心轮的死点位置使工件夹紧,用调整芯棒调整四个夹具的位置,使四个夹具成90°分布。

装配调整好精密分度头模块,使工作台转盘转动自如,分度准确等。

2. 自动钻床进给机构

(1)完成自动钻床进给机构的装配与调试。

(2)装配过程中确保装配工艺合理、装配方法正确。

(3)装配调试后需达到如下要求。

导轨、滑块与自动钻床进给机构用底板基准面A的平行度≤0.01mm;两直线导轨之间的平行度≤0.01mm。

用轴承座调试芯棒调整圆柱凸轮两端轴承座内孔的同轴度≤0.04mm,圆柱凸轮轴线与两导轨的对称度≤0.05mm。

调整导柱与圆柱凸轮的位置精度,转动圆柱凸轮,使钻孔部分往复运动自如。

3. 变速动力箱

(1)完成变速动力箱的装配与调试。

(2)装配过程中装配工艺合理、装配方法正确。

(3)装配调试后需达到如下要求。

调整变速动力箱用大锥齿轮与动力箱用小锥齿轮之间的齿侧间隙0.03mm≤x≤0.08mm。

调整齿轮箱内大齿轮(一)与齿轮箱内小齿轮的端面轴向错位量≤0.5mm。

检测调整大带轮与输入轴的同轴度允差≤0.03mm,大带轮的端面跳动量允差≤0.05mm。

安装后,确保变速动力箱运转灵活,啮合齿轮啮合正确,传动平稳。

4. 自动打标机

(1)假设离合器总成损坏,需更换,要求完成自动打标机的拆卸、装配与调试工作。

(2)拆卸、装配过程中确保拆卸装配工艺合理、装配方法正确。

(3)装配调试后需达到如下要求。

调整离合器总成的六角凸轮位置,使曲轴在最远端停止。

安装后,确保自动打标机运转灵活,传动平稳。

(三)总装配

1. 完成整个设备的装配与调试。

2. 装配工艺合理,装配方法正确。

3. 装配调试后需达到如下要求。

(1)调整小带轮和大带轮的端面共面允差≤0.1mm,并调整两根三角带至适宜的张紧度。

(2)调整自动钻床进给机构与工作台转盘的配合要求,使其符合设备的工作原理要求,并修配控制电磁离合器用凸轮,使电磁离合器控制工作台准确四分度。

(3)连接离合器用大齿轮和与之相啮合的连接离合器,使小齿轮的两端面轴向错位量≤1mm,两齿轮的齿侧间隙 $0.03mm≤x≤0.08mm$。

(4)装配调整齿轮齿条传动机构连杆上摆动杆的高度位置,使自动打标机实现一次打标的动作,并调整与工作台转盘的配合符合设备的工作原理要求。

(5)调整钻夹头与工作台转盘的垂直度允差≤0.1mm。

(6)调整好设备后试加工工件,加工过程必须保证在一个运动加工周期内(及要求加工四个工件)。

(四)工具、量具、辅具的使用

在装配过程中工具、量具、辅具选择合理,使用方法正确。

(五)安全文明生产

1. 劳保用品穿戴整齐、规范。

2. 工具、量具、检具摆放整齐、规范。

3. 能遵守场地及其他设备、工具的安全文明生产要求。

4. 对废油、废弃物处理正确,并符合环保等特殊要求。

三、评分记录表(见附表1)

附表1　评分记录表

项　目	序号	内　容	配分	评分要求	数值记录	备注
装配前准备工作	1	清点零件、准备工具、量具,对零件进行清理等	5	不符合要求,每处扣0.5—1分		
装配顺序及方法	2	装配顺序、方法合理正确	5	装配顺序、方法不合理,每处扣1分		
量具的使用	3	量具选择合理,使用方法正确	4	选用、使用方法不正确,每次扣0.5分		
工具的使用	4	工具选择合理,使用方法正确	3	选用、使用方法不正确,每次扣0.5分		
轴承装配	5	装配方法及装配形式正确	3	方法及形式不正确,每处扣1分		
部件的装配与调整			精密分度头模块(23)			
	蜗轮蜗杆部分	6	蜗杆的轴向窜动≤0.03mm	2	超差不得分		✋
		7	蜗轮与蜗杆的齿侧间隙 $0.03mm≤x≤0.08mm$	5	超差不得分		✋

项　目		序号	内　容	配分	评分要求	数值记录	备注
部件的装配与调整	离合器总成的调整	8	牙嵌式电磁离合器的同轴度 ≤0.04mm	4	超差不得分		
		9	左右两部分配合间隙 0.3mm≤x≤0.5mm	2	超差不得分		
		10	斜齿轮2与斜齿轮1之间的齿侧间隙 0.03mm≤x≤0.08mm	2	超差不得分		
	四个夹具调整	11	偏心轮死点位置的调整	4	调整不到位不得分		
		12	调整四个夹具成90°分布	4	方法不对不得分		
	自动钻床进给机构(11)						
	直线导轨	13	与基准面A平行度≤0.01mm	2	超差不得分		
		14	两导轨平行度≤0.01mm	2	超差不得分		
	圆柱凸轮	15	两端轴承座内孔的同轴度≤0.04mm	4	方法不对或超差不得分		
		16	轴线与导轨对称度≤0.05mm	3	方法不对或超差不得分		
	变速动力箱(9)						
	变速动力箱装配	17	大锥齿轮与小锥齿轮之间的齿侧间隙 0.03mm≤x≤0.08mm	2	超差不得分		
		18	大齿轮(一)与小齿轮的端面轴向错位量≤0.5mm	2	超差不得分		
	大带轮	19	大带轮与输入轴的同轴度允差 ≤0.03mm	3	超差不得分		
		20	大带轮的端面跳动量允差≤0.05mm	2	超差不得分		
	自动打标机(7)						
	离合器总成	21	离合器总成的拆卸	5	没做不得分		
		22	曲轴最远端位置调整	2	调整方法不对不得分		
总装配、试加工(30)		23	小带轮和大带轮的端面共面允差 ≤0.1mm	2	超差不得分		
		24	两根三角带张紧度	1	张紧度不合适不得分		
		25	凸轮控制电磁离合器四分度确认	4	分度不对或不到位不得分		

续表

项　目	序号	内　容	配分	评分要求	数值记录	备注
总装配、试加工（30）	26	大齿轮与小齿轮的两端面轴向错位量≤1mm	1	超差不得分		
	27	大齿轮与小齿轮的齿侧间隙 0.03mm≤x≤0.08mm	1	超差不得分		
	28	齿轮齿条传动机构和自动打标机的调整	5	配合不对不得分		
	29	钻夹头与工作台转盘的垂直度允差≤0.1mm	4	超差不得分		
	30	工件加工（装配不完整，不允许试车加工）	12	加工不对或没加工不得分		
安全文明生产	31	裁判根据现场情况酌情扣0.5—3分，本项最多扣分不能超过10分				倒扣
其他	32	1. 错误操作导致人身、设备安全事故者，本赛项以"0"分计 2. 野蛮操作，存在严重安全隐患，并经劝阻不听者，本赛项以"0"分计 3. 不服从裁判管理、影响赛场秩序者，本赛项以"0"分计				

附录二　机械装配技术任务书
注意事项(二)

1. 本试卷总分为100分,考试时间为4小时。

2. 请仔细阅读题目要求,完成您的竞赛任务。

3. 参赛选手如果对试卷内容有疑问,应当先举手示意,等待裁判人员前来处理。

4. 选手在竞赛过程中应遵守竞赛规则和安全操作规程,如有违反按照相关规定处理。

5. 竞赛过程中需裁判确认的部分,参赛选手需举手示意。

6. 评分表中的数据用黑色水笔填写,表格中的数据文字涂改后无效。

7. 选手应合理安排装调工作的顺序和时间。

一、装配前的准备工作

1. 分析图纸及任务书,根据图纸及任务书准备工具和量具。

2. 工具量具、零部件等放置有序。

3. 根据图纸清点零件,并对零件进行清洗、清理。

二、部件的装配与调试

1. 精密分度头模块

(1)完成精密分度头模块的装配与调试。

(2)装配过程中装配工艺合理、装配方法正确。

(3)装配调试后需达到如下要求。

调整蜗杆轴的轴向窜动≤0.02mm,调整法兰盘1的径向跳动≤0.03mm,端面跳动≤0.05mm,法兰盘2的径向跳动≤0.03mm,端面跳动≤0.05mm,并以涂色法来检验蜗轮与蜗杆的相互位置以及啮合的接触斑点。

调整牙嵌式电磁离合器离的同轴度≤0.04mm。

调整斜齿轮2与斜齿轮1之间的齿侧间隙0.03mm—0.08mm。

装配调整好分度头模块和牙嵌式电磁离合器,使离、合顺畅自如,无联动或离合跳齿现象。

工作台转盘的径向跳动≤0.04mm,工作台转盘的端面跳动≤0.05mm。

装配调整好的分度头模块,使工作台转盘转动自如。

2. 变速动力箱机构

装配调试后需达到如下要求:大带轮与输入轴的同轴度≤0.03mm,大带轮端面跳动≤0.05mm。

3. 自动钻床进给机构

(1)完成自动钻床进给机构的装配与调试。

(2)装配过程中确保装配工艺合理、装配方法正确。

(3)装配调试后需达到如下要求。

导轨、滑块与自动钻床进给机构用底板基准面 A 的平行度≤0.01mm,两直线导轨之间的平行度≤0.01mm。

用轴承座调试芯棒调整圆柱凸轮两端轴承座的等高度≤0.04mm,圆柱凸轮轴线与两导轨的对称度≤0.05mm,圆柱凸轮轴线与两导轨的平行度≤0.04mm。

检测钻夹头的轴向窜动允差≤0.02mm,径向跳动允差≤0.02mm。

调整导柱与圆柱凸轮的配合精度,使导柱在圆柱凸轮槽中运动自如。

用正确方法测出燕尾槽尺寸,并计算出间隙误差。

4. 盘形凸轮的修配

(1)根据盘形凸轮的图样(附图一)完成盘形凸轮的修配,并达到图样要求。

(2)根据分度精度的要求,修配盘形凸轮部,连续不断地运转两周,使定位精度不得超过0.10mm。

5. 装配工艺编制

根据装配图样及设备完成蜗轮箱体部件装配工件卡的填写。

三、总装配和试车

1. 完成整个设备的装配与调试。

2. 装配工艺合理,装配方法正确。

3. 试车前的准备、检查工作。

4. 传动的完整性。

5. 整体运动平稳,没有卡阻爬行现象。

6. 运行噪声低。

7. 装配调试后需达到如下要求。

(1)调整小带轮和大带轮的端面共面允差≤0.1mm,并调整两根三角带适宜的张紧度。

(2)调整钻夹头轴心线与工作台转盘端面的垂直度允差≤0.1mm。

(3)调整四个夹具,在偏心轮的死点位置使工件夹紧,用调整芯棒调整四个夹具的位置,使每个夹具在加工位置的分度允差≤0.04mm。

(4)调整好设备后试加工工件,检验工件是否满足零件图样(附图二)要求。

四、产品的加工

利用装配调整好的机器完成产品的加工,必须在裁判的监督下,在一个完整的加工周期中连续完成四个工件的加工。

五、工具、量具、辅具的使用

在装配过程中,工具、量具、辅具选择合理,使用方法正确。

六、安全文明生产

1. 劳保用品穿戴整齐,规范。
2. 工、量、检具摆放整齐,规范。
3. 能遵守场地及其他设备、工具的安全文明生产要求。
4. 对废油、废弃物处理正确,并符合环保等特殊要求。

七、评分记录表(见附表1)

附表1 评分记录表

项 目	序号	内 容	配分	评分要求	数值记录	备注
装配前准备工作	1	清点零件、准备工具量具,对零件进行清洗、清理等	2	不符合要求每处扣0.5—1分		
	2	工具、量具、零部件等放置有序	3	不符合要求每处扣0.5—1分		
分度头模块(12%)	3	蜗杆轴的轴向窜动量≤0.02mm	1	超差不得分		✋
	4	法兰盘1的径向跳动量≤0.03mm	1	超差不得分		✋
	5	法兰盘1的端面跳动量≤0.05mm	1	超差不得分		✋
	6	法兰盘2的径向跳动量≤0.03mm	1	超差不得分		✋
	7	法兰盘2的端面跳动量≤0.05mm	1	超差不得分		✋
	8	蜗轮、蜗杆的接触斑点及相互位置(涂色法检验)	2	描述接触斑点判断两者的位置		✋
	9	工作台转盘的径向跳动量≤0.04mm	1	超差不得分		✋
	10	工作台转盘的端面跳动量≤0.05mm	1	超差不得分		✋
	11	牙嵌式电磁离合器的同轴度≤0.04mm	2	超差不得分		✋
	12	斜齿轮2与斜齿轮1之间的齿侧间隙 $0.03mm \leq x \leq 0.08mm$	1	超差不得分		✋

续表

项 目	序号	内 容	配分	评分要求	数值记录	备注
变速动力箱 （3%）	13	大带轮与输入轴的同轴度≤0.03mm	1	超差不得分		🖐
	14	大带轮端面跳动量≤0.05mm	2	超差不得分		🖐
自动钻床进给 机构（8%）	15	导轨、滑块与底板基准面A平行度≤0.01mm	1	超差不得分		🖐
	16	两直线导轨平行度≤0.01mm	1	超差不得分		🖐
	17	圆柱凸轮两端轴承座的等高度≤0.04mm	2	超差不得分		🖐
	18	圆柱凸轮轴线与两个导轨的对称度≤0.04mm	1	超差不得分		🖐
	19	圆柱凸轮轴线与两个导轨的平行度≤0.04mm	1	超差不得分		🖐
	20	钻夹头的轴向窜动量允差≤0.02mm	1	超差不得分		🖐
	21	钻夹头的径向跳动量允差≤0.02mm	1	超差不得分		🖐
盘形凸轮的修 配（8%）	22	修配盘形凸轮部,连续不断运转两周,定位精度≤0.10mm	8	超差不得分		🖐
总装配（12%）	23	小带轮和大带轮的端面共面允差≤0.3mm	1	超差不得分		🖐
	24	调整两根三角带适宜的张紧度	1	调整不到位不得分		🖐
	25	钻夹头轴心线与工作台转盘端面的垂直度允差≤0.06mm	4	超差不得分		🖐
	26	调整偏心轮死点位置,使工件夹紧	1	调整不到位不得分		🖐
	27	调整四个夹具的位置,使每个夹具在加工位置的分度允差≤0.04mm	5	超差不得分		🖐
产品的加工 （28%）	28	四个孔的直径	8	ϕ 5g8芯棒检验		
	29	孔粗糙度	8			
	30	孔的位置度	12			
安全文明生产 （5%）	31	工作环境的整洁卫生、工量具的摆放及使用、废弃物的处理	5	不符合要求,每处扣0.5—1分		
其他	32	1. 错误操作导致人身、设备安全事故者,本赛项以"0"分计 2. 野蛮操作,存在严重安全隐患,并经劝阻不听者,本赛项以"0"分计 3. 不服从裁判管理、影响赛场秩序者,本赛项以"0"分计				

八、用正确方法测出燕尾槽尺寸,并计算出间隙误差。(7%)

九、填写蜗轮蜗杆箱部件的装配工艺卡。(12%)

蜗轮蜗杆箱部件的装配工艺卡,见附表2。THMDZP-2型机械装配技能综合实训平台具体配置(/每套),见附表3。

附表2　蜗轮蜗杆箱部件的装配工艺卡

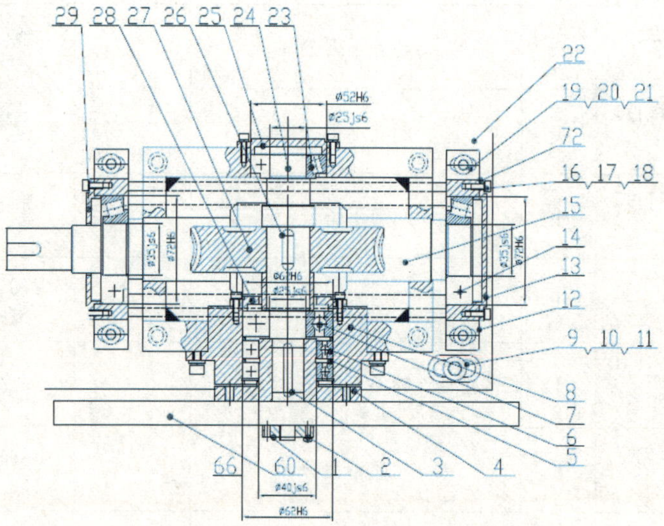

工序	工步	装配内容	工　具	量　具

附表3　THMDZP-2型机械装配技能综合实训平台具体配置(/每套)

序号	名　称	数　量	备　注
1	THMDZP-2型　机械装配技能综合实训平台	1套	
2	THMDZP-2A型　钳工技能实训平台	1套	含装配螺丝
3	橡胶垫 900mm×700mm×3mm	1块	
4	台虎钳　150	1个	
5	画线平板	1块	300×300
6	手枪钻 GBM350RE601 13A 743	1把	
7	铰杠(M3—M12(1/16″—1/2″))	1把	
8	钻夹头扳手	1把	
9	活动扳手150mm、250mm	各1把	
10	呆扳手(开口7,12—14)	各1把	
11	什锦锉	1套	
12	中扁锉	1个	
13	紫铜棒(一头Φ18一头Φ14×250mm)	1根	
14	紫铜棒Φ30	1根	
15	轴用挡圈钳(直嘴7寸)	1把	
16	轴用挡圈钳(弯嘴7寸)	1把	
17	三爪拉马　150	1个	
18	10″通芯一字螺丝刀	1把	
19	大十字螺丝刀	1把	
20	一字螺丝刀(3×75mm)	1把	
21	钩形扳手 M14,M16,M22,M27	各一把	
22	内六角扳手(9件套)	1套	
23	圆头锤　1500g	1把	
24	钳工锤　500g	1把	
25	橡皮锤　750g	1把	
26	普通游标卡尺(量程:300mm,精度:0.02mm)	1把	
27	深度游标卡尺(量程:200mm,精度:0.02mm)	1把	
28	杠杆式百分表(0.8mm×0.01mm)	1只	含φ6接头
29	百分表(测量范围:0—10mm)	1只	
30	小磁性表座	1个	
31	大磁性表座	1个	
32	调试芯棒(夹具、钻夹头、轴承座测量芯棒)	4种	6个

序号	名　称	数　量	备　注
33	千分尺(测量范围:0—25mm)	1把	
34	塞尺(测量范围:0.02—1.00mm)	1把	
35	钢直尺　500mm	1把	
36	轴承拆装套筒(9件套)	1套	
37	零件盒(405mm×305mm×145mm)	5个	
38	防锈油(WD-40)	2瓶	
39	THMDZP-2型　装配图	1套	7张/套
40	THMDZP-2型　实训指导书	1本	

共余 $\sqrt{\dfrac{3.2}{}}$

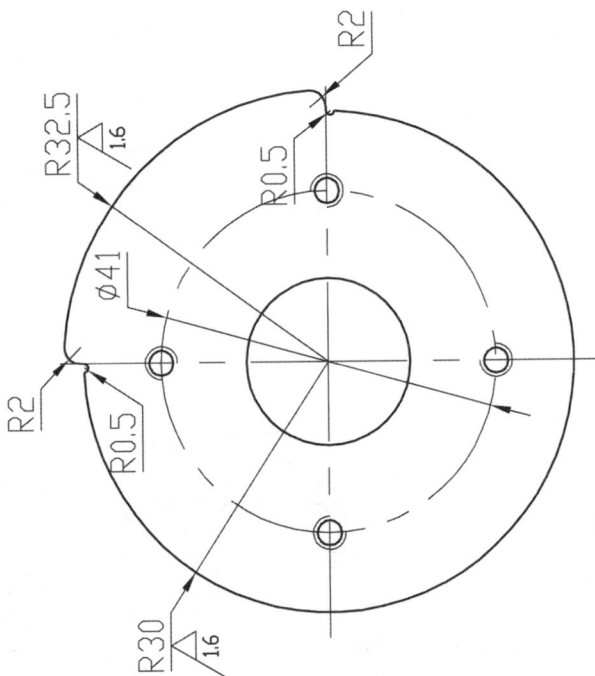

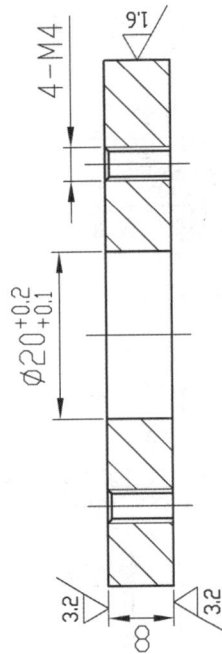

R32.5 ∇1.6

R2

R0.5

Ø41

R2

R0.5

R30 ∇1.6

4-M4

$\sqrt{1.6}$

$\phi20^{+0.2}_{+0.1}$

3.2 ∞ 3.2

技术要求:
1. 锐角倒钝，未注倒角C0.2，过渡部分应平滑;
2. 调质处理，硬度HRC25~30;
3. 表面做防锈处理。

附图一

	浙江天煌科技实业有限公司
材料: 45#	控制电磁离合器用凸轮
厚度: XXmm	THMDZP-2.31-20

设计 马传忠 14-03-17
审核 马传忠
标准化 ZZZ
审定 YYY
工艺 马传忠 14-02-26

技术要求：

1. 装配前，全部零件用煤油或柴油清洗，箱体内不许有杂物存在；
2. 所有齿轮安装后，用手转动传动齿轮时应灵活无卡阻；
3. 整个部件在装配后应转动平稳；
4. 装配过程中不要划伤工件表面，保持整体完好；
5. 齿轮用润滑油润滑。

2:1

156.3

171

358
304

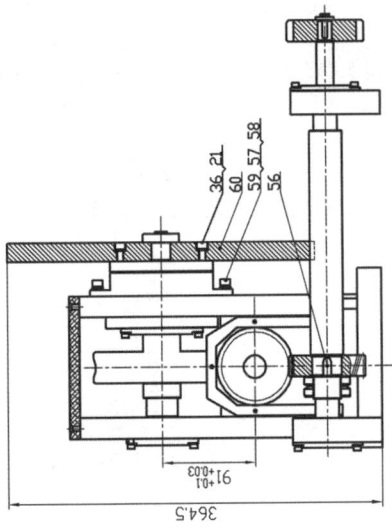

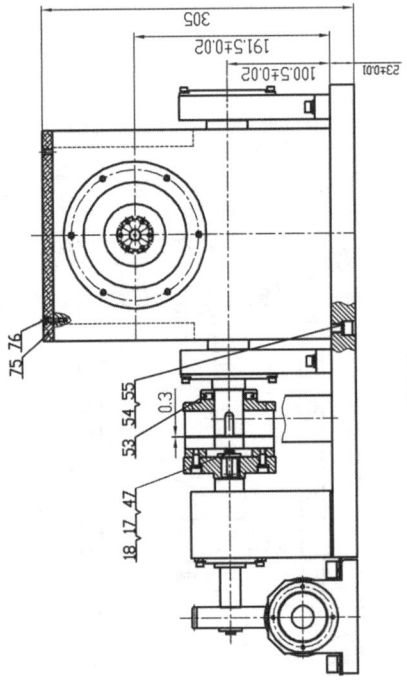

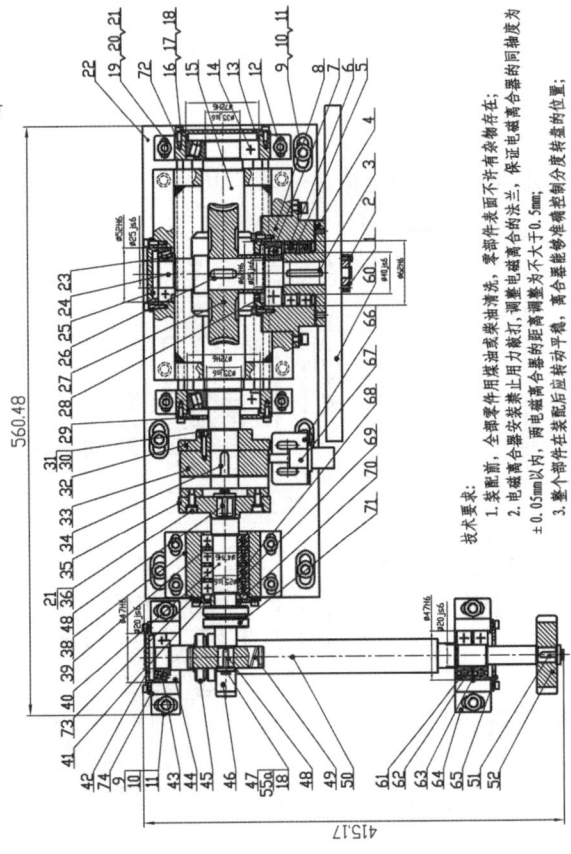

技术要求:

1. 装配前,全部零件用煤油或柴油清洗,零部件表面不许有杂物存在;

2. 电磁离合器安装前用力板打,测量电磁离合器的法兰,保证电磁离合器的同轴度为 ±0.05mm以内,两电磁离合器动调整量为不大于0.5mm;

3. 整个部件在装配后应转动平稳,离合器磁轭端制分度转盘的位置;

4. 装配过程不要划伤的工作表面,保持整体无层灰;

5. 齿轮用润滑油润滑清.

技术要求：
1. 装配前，全部零件用煤油或汽油泵洗清洗；
2. 直线导轨与装配基准面之间的平行误差底板差底板小于0.01mm；
3. 两轴承基座专面度要求0.05mm，凸轮与导轨的平行度要求0.05mm；
4. 工作台运行平稳，无爬行，凸轮、滚轮、导轨无配行、卡死现象。

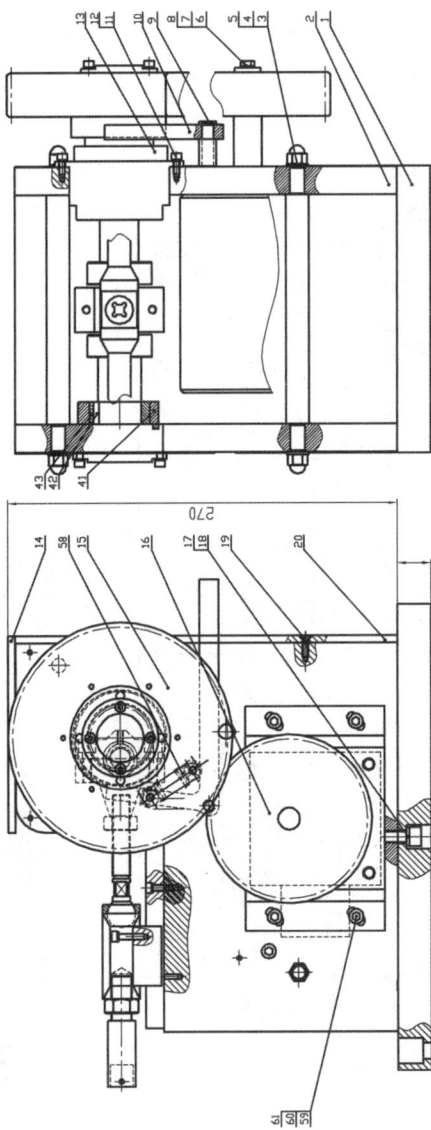

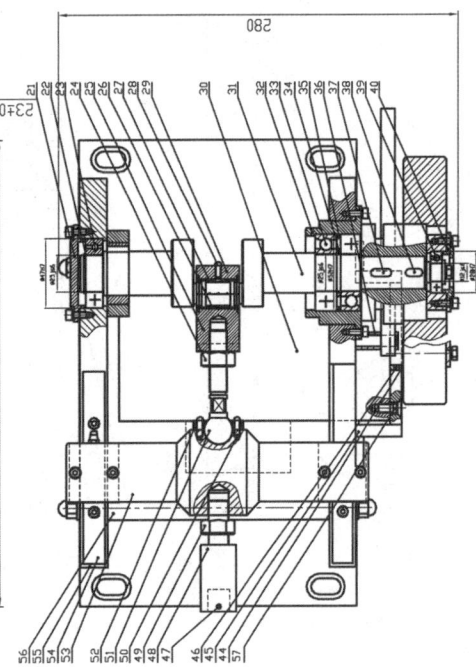

技术要求：
1. 装配前，全部零件用煤油或柴油清洗；
2. 齿轮与齿轮啮合平稳，所有齿轮安装后，用手转动传动齿轮时应灵活旋转；
3. 整个部件在装配后应转动平稳，不允许有卡阻现象；
4. 装配过程不要刮伤物工件表面，保持整体完好；
5. 齿轮用润滑油调脂。

序号	代　号	名　称	数量	材　料	备　注

附图六

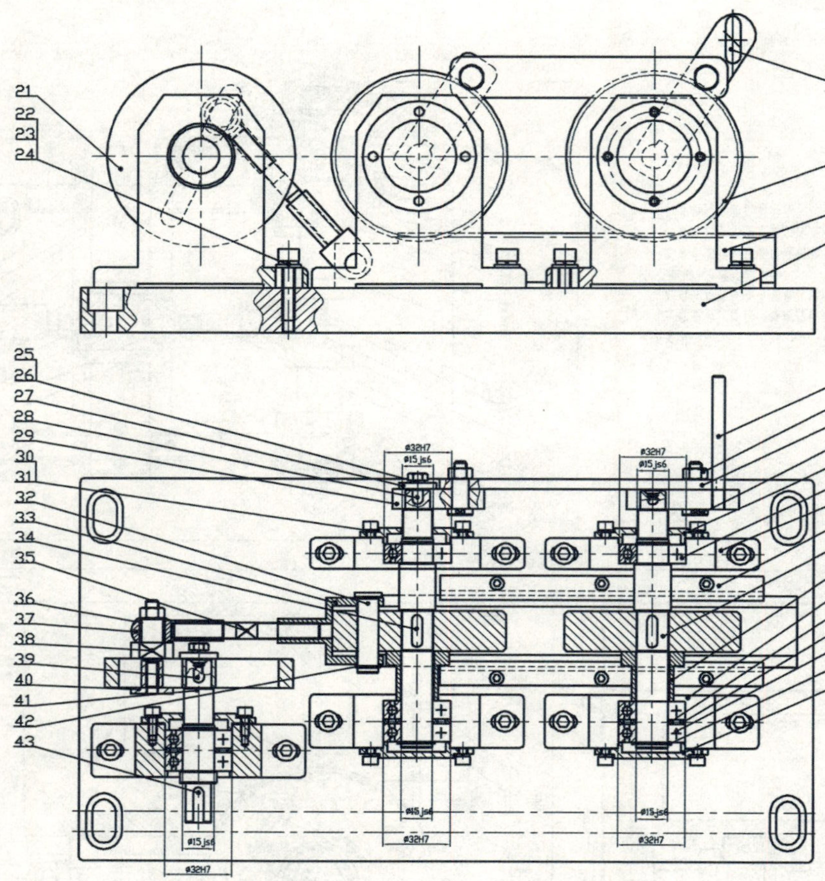

序号	代号	名称	数量	材料	备注
43		镜	1		5X5X17
42	THMDZP-2.4J-28	φ10端用卡簧	1		
41	THMDZP-2.4J-30	销片	1	45	
40	THMDZP-2.4J-31	镜	1	45	5X5X11
39	THMDZP-2.4J-31	支承销(二)	1	45	
38	THMDZP-2.4J-33	拉杆	1	A3	
37	THMDZP-2.4J-32	铜套	1	黄铜	
36	THMDZP-2.4J-32	调节杆	1	A3	5X5X16
35	THMDZP-2.4J-34	镜	2		
34		转动套	1	45	
33	THMDZP-2.4J-35	活动轴	1	45	
32	THMDZP-2.4J-37	φ4不锈钢垫	20		5X5X7
31		M4X10不锈钢内六角螺钉	20		
30	THMDZP-2.4J-42	送杆(一)	1	45	
29	THMDZP-2.4J-42	轴端挡圈	2	45	Z=40 M=2
28		φ4不锈钢弹垫	2		M=2
27		M4X18不锈钢内六角螺钉	2		
26		φ6不锈钢平垫	10		
25		φ6不锈钢弹垫	10		
24		M6X20不锈钢内六角螺钉	10		
23	THMDZP-2.4J-29	摆动圆盘	1	45	
22	THMDZP-2.4J-45	连杆(三)	2	45	
21	THMDZP-2.4J-38	齿条	1	45	
20	THMDZP-2.4J-36	齿条	1	45	
19	THMDZP-2.4J-25	摆杆滑板	1	45	
18	THMDZP-2.4J-54	滚动杆	2	45	
17	THMDZP-2.4J-44	M3X6螺钉	2	45	
16	THMDZP-2.4J-43	连杆销钉	1	45	
15	THMDZP-2.4J-44	连杆(二)	1	45	
14	THMDZP-2.4J-27	轴承座连接(二)	3	45	
13	THMDZP-2.4J-49	深沟球轴承	2	A3	6002
12	THMDZP-2.4J-46	导向杆	2	45	
11	THMDZP-2.4J-39	套	2	45	
10	THMDZP-2.4J-40	滚套	2	A3	
9	THMDZP-2.4J-54	送杆器环(二)	3	45	
8	THMDZP-2.4J-53	送杆器环(一)	3	45	
7	THMDZP-2.4J-26	角接触轴承(一)	5	A3	7002AC
6	THMDZP-2.4J-52	连接法兰(二)	6	45	
5	THMDZP-2.4J-53	连接法兰(一)	5		
4	THMDZP-2.4J-41	φ15插用卡簧	2	A3	
3		角接触轴承(二)	5		
2		闷盖			
1	THMDZP-2.4J-41	闷盖(二)	2	A3	

THMDZP-2型 机械装配技能 综合实训平台

浙江天煌科技实业有限公司

齿轮齿条传动机构 THMDZP-2.5

技术要求:
1. 装配前,全部零件用煤油或柴油清洗;
2. 齿轮与齿条啮合平稳,所有齿轮装好后,用手转动传动齿轮时要求转动灵活,不允许有卡阻现象;
3. 重心零件在装配前应转动平稳;
4. 装配过程不要划伤工作表面,保持基本完好;
5. 齿面处用润滑油润滑。

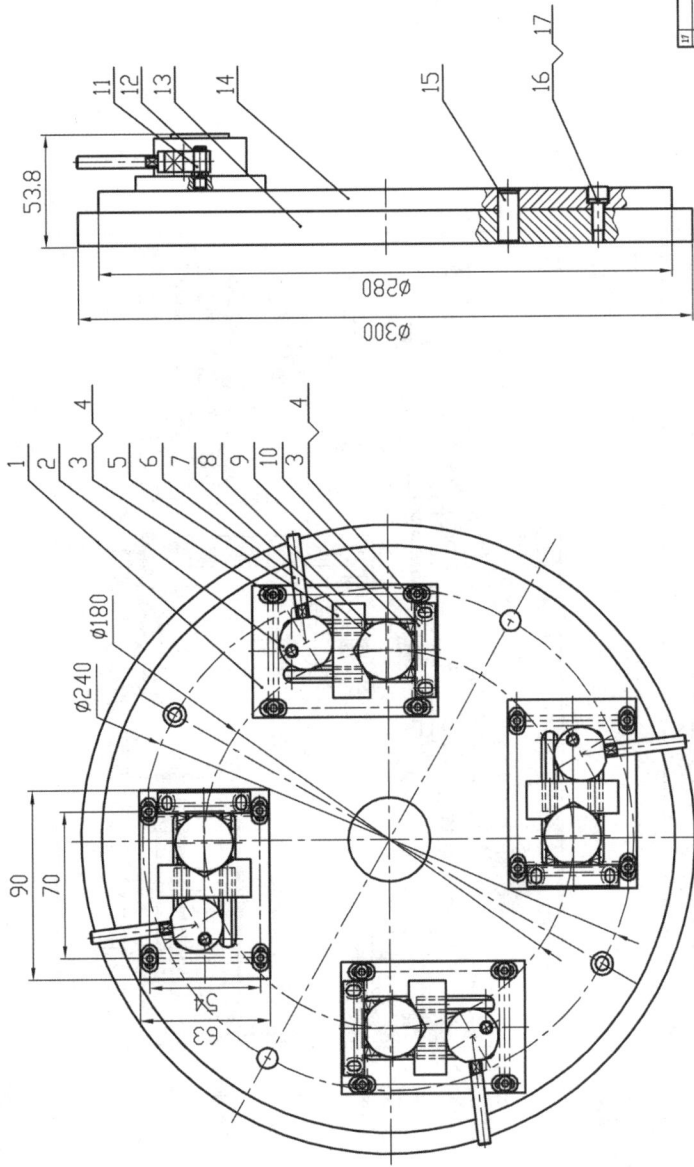

技术要求:
1. 装配前,全部零件用煤油或柴油清洗;
2. 调整工件的夹紧程度,使工件未紧后偏心达到测量高点的岗位置;
3. 装配过程不要划伤工件表面,保持整体完好。

附图八

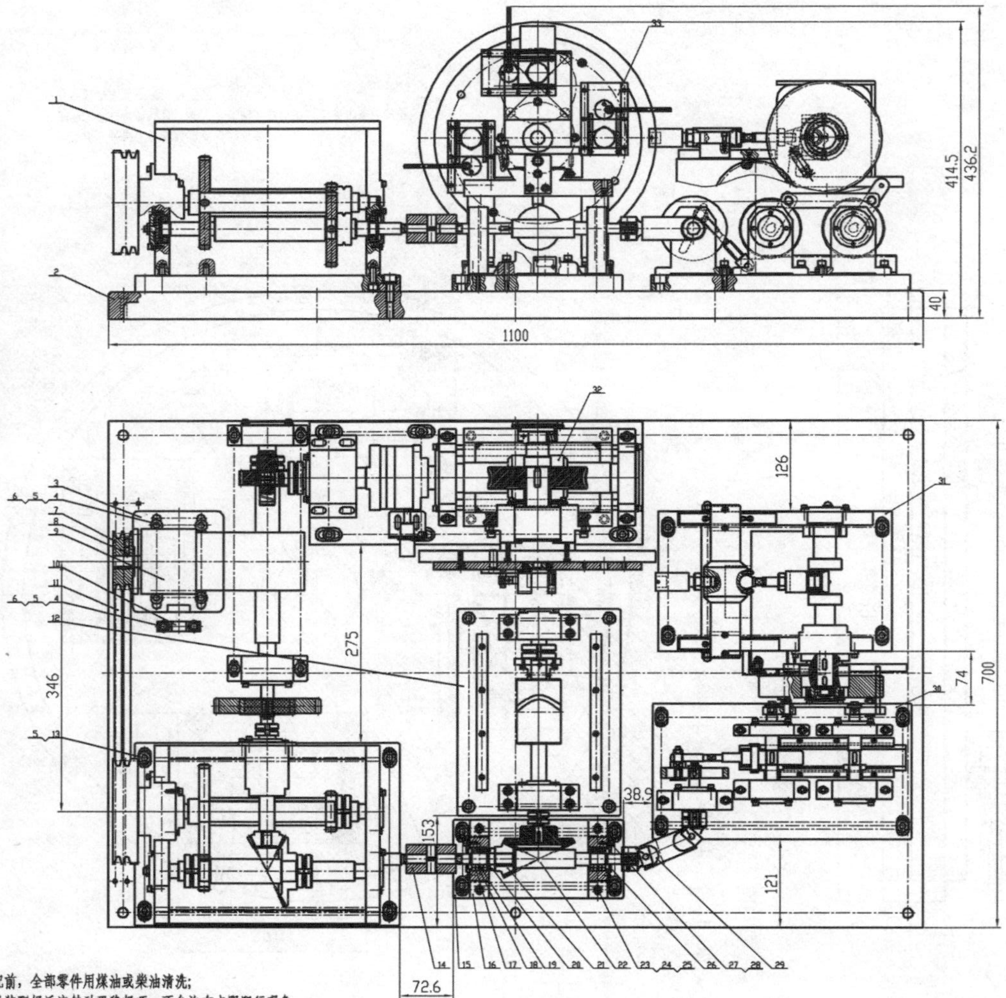

技术要求:
1. 装配前，全部零件用煤油或柴油清洗;
2. 整机装配好后应转动平稳轻巧，不允许有卡阻爬行现象;
3. 装配过程不要划伤工件表面，保持整体完好;
4. 在整机装配好后，部件及零件应做防锈处理。

序号	代号	名称	数量	材料	单件质量	总计质量	备注
33	THMDZP-2.6	偏心轴夹具部件	1				
32	THMDZP-2.2	分度模块装配图	1				
31	THMDZP-2.4	打标模块	1				
30	THMDZP-2.5	齿轮齿条传动机构	1				
29	THMDZP-2.3J-39	双十字联轴器	1	45#			
28		ø4不锈钢弹垫	8				
27		M4X10不锈钢内六角螺钉	8				
26	THMDZP-2.3J-34	轴承座透盖	2	A3			
25		ø6不锈钢平垫	4				
24		ø6不锈钢弹垫	4				
23		M6X25不锈钢内六角螺钉	4				
22	THMDZP-2.3J-36	小锥齿轮轴	1	45#			
21	THMDZP-2.3J-38	小锥齿轮	1	45#			
20	THMDZP-2.3J-37	顶套	1	45#			
19	THMDZP-2.4J-53	连杆轴承用内隔环	2	45#			
18	THMDZP-2.4J-52	连杆轴承用外隔环	2	45#			
17		锥齿轮轴用轴承	4				7002AC
16	THMDZP-2.3J-33	轴承座	2	A3			
15	THMDZP-2.3J-35	轴用底板	1	A3			
14		联轴器	1				[illegible]
13		M10X30不锈钢内六角螺钉	29				
12	THMDZP-2.1	自动钻床进给机构	1				
11		三角带	2				Z型1000
10	THMDZP-2.1J-34	三角带张紧座	1	A3			
9		系统动力电机	1				外购
8		M6X16普通内六角锥端紧定螺钉	1				
7	THMDZP-2.1J-6	小带轮	1	A3			
6		ø10不锈钢平垫	6				
5		ø10不锈钢弹垫	35				
4		M10X20不锈钢内六角螺钉	6				
3	THMDZP-2.1J-33	电机底座焊接图	1				
2	THMDZP-2.1Z-2	铸件底座上面攻螺纹尺寸图	1	HT200			
1	THMDZP-2.1	变速动力箱	1				

THMDZP-2型 机械装配技能综合实训平台	浙江天煌科技实业有限公司	
图样标记 / 数量 1 / 重量 / 比例	总装图	
共 张 / 第 张	THMDZP-2	

标记 处数 更改文件号 签字 日期
设计 描图 审核 工艺 日期 14-04-16

借(通)用件登记
描图
描校
旧底图总号
底图总号
签字
日期

参考文献

［1］浙江天煌科技实业有限公司. THMDZP-2型机械装配技能综合实训平台使用手册［M］.

［2］徐兵. 机械装配技术［M］. 北京:中国轻工业出版社,2015.

［3］许允. THMDZT-1型机械装调技术综合实训［M］. 郑州:河南科学技术出版社,2011.

［4］汪荣青. 机械装调技术与实训［M］. 北京:中国铁道出版社,2012.

［5］苏慧祎. 机械装配修理与实训［M］. 济南:山东科学技术出版社,2010.